"十二五"普通高等教育本科国家级规划教材

中国机械工程学科教程配套系列教材

教育部高等学校机械类专业教学指导委员会规划教材

图学原理与工程制图教程习题集
（第2版）

单继宏　姜献峰　沈彦南　主编

清华大学出版社

北京

内 容 简 介

本习题集与孙毅主编的《图学原理与工程制图教程(第 2 版)》教材配套使用。主要内容包括：字体与图线，线型练习，几何作图，平面图形尺寸标注，平面图形绘图练习，点的投影，直线的投影及两直线的相对位置，直线与平面及两平面的相对位置，立体的投影，平面与立体相交，立体与立体相交，组合体看图练习，组合体尺寸标注，组合体三视图绘图练习，基本视图与辅助视图，剖视图练习，断面图和规定画法，剖视图尺寸标注，表达方法综合练习，螺纹的种类、画法与标注，螺纹紧固件的标记及画法，键及圆柱齿轮的画法，弹簧的画法，零件图的技术要求，零件图读图练习，零件图绘图练习，综合练习，画装配图，读装配图。

本书可供高等院校机械类及相近专业师生使用，也可供学习图学原理与工程制图的相关专业技术人员参考。

版权所有，侵权必究。举报：010-62782989，beiqinquan@tup.tsinghua.edu.cn。

图书在版编目(CIP)数据

图学原理与工程制图教程习题集/单继宏,姜献峰,沈彦南主编.—2 版.—北京：清华大学出版社，2020.5(2024.2重印)
中国机械工程学科教程配套系列教材　教育部高等学校机械类专业教学指导委员会规划教材
ISBN 978-7-302-55003-7

Ⅰ.①图… Ⅱ.①单… ②姜… ③沈… Ⅲ.①工程制图—高等学校—习题集 ②机械制图—高等学校—习题集 Ⅳ.①TB23-44 ②TH126-44

中国版本图书馆 CIP 数据核字(2020)第 040563 号

责任编辑：冯　昕	
封面设计：常雪影	
责任校对：赵丽敏	
责任印制：刘海龙	

出版发行：清华大学出版社
　　网　　址：https://www.tup.com.cn, https://www.wqxuetang.com
　　地　　址：北京清华大学学研大厦 A 座　　　　　　　　　邮　编：100084
　　社 总 机：010-83470000　　　　　　　　　　　　　　　　邮　购：010-62786544
　　投稿与读者服务：010-62776969, c-service@tup.tsinghua.edu.cn
　　质量反馈：010-62772015, zhiliang@tup.tsinghua.edu.cn
印 装 者：北京同文印刷有限责任公司
经　　销：全国新华书店
开　　本：370mm×260mm　　　　印　张：19.75　　　　　　　字　数：271 千字
版　　次：2012 年 5 月第 1 版　　2020 年 6 月第 2 版　　　　 印　次：2024 年 2 月第 7 次印刷
定　　价：49.80 元

产品编号：083619-02

前　言

本习题集与《图学原理与工程制图教程(第2版)》教材配套使用。本书蕴含了工程图学精品课程的最新进展,结合课程组长期的教学经验、教改成果和最新国家制图标准,精心编写、修订而成。题目设计由浅入深、编排难易结合、紧扣知识要点,系统性强。本书对巩固图学理论知识,培养工程图样的读图绘图能力、形体空间想象与构思能力、实践性设计能力等都具有重要的意义。

本书可供高等院校机械类及相近专业师生使用,也可供学习图学原理与工程制图的相关专业技术人员使用。本习题集收集的题量较多,使用时可以根据各专业的特点、教学学时数、教学方法的不同进行适当的删选和调整。

本书由单继宏、姜献峰、沈彦南编写,由孙毅完成全书的审稿。在本书的编写过程中得到了浙江工业大学机械工程学院先进制造与现代设计技术研究所的大力支持,在此表示感谢。

由于编者的业务水平限制,加上编写时间仓促,书中难免存在缺点和错误,敬请读者批评指正。

编　者
2020年1月

目　录

1. 字体与图线 …………………………………… 1
2. 线型练习 ……………………………………… 2
3. 几何作图 ……………………………………… 3
4. 平面图形尺寸标注 …………………………… 4
5. 平面图形绘图练习 …………………………… 5
6. 点的投影 ……………………………………… 6
7. 直线的投影及两直线的相对位置 …………… 7
8. 直线与平面及两平面的相对位置 …………… 8
9. 立体的投影 …………………………………… 10
10. 平面与立体相交 …………………………… 11
11. 立体与立体相交 …………………………… 15
12. 组合体看图练习 …………………………… 18
13. 组合体尺寸标注 …………………………… 30
14. 组合体三视图绘图练习 …………………… 33
15. 基本视图与辅助视图 ……………………… 34
16. 剖视图练习 ………………………………… 35
17. 断面图和规定画法 ………………………… 43
18. 剖视图尺寸标注 …………………………… 44
19. 表达方法综合练习 ………………………… 45
20. 螺纹的种类、画法与标注 ………………… 46
21. 螺纹紧固件的标记及画法 ………………… 48
22. 键及圆柱齿轮的画法 ……………………… 49
23. 弹簧的画法 ………………………………… 50
24. 零件图的技术要求 ………………………… 51
25. 零件图读图练习 …………………………… 53
26. 零件图绘图练习 …………………………… 59
27. 综合练习 …………………………………… 60
28. 画装配图 …………………………………… 62
29. 读装配图 …………………………………… 64

参考文献 ………………………………………… 77

| 1. 字体与图线 | 班级　　姓名　　学号 | 1 |

(1) 抄写字体。

机械制图国家标准规定汉字采用长仿宋

设计校对审核比例数量重量材料图号备注日期技术要求

组合体尺寸零件工艺结构装配平面垂直倾斜线相交投影

其余圆角滚动轴承键槽齿轮皮带链条蜗杆套筒连接螺钉垫圈弹簧油塞导轨

润滑密封气缸管道阀门法兰特性极限形状位置公差配作铸造磨削时效强度

ABCDEFGHIJKLMNOPQRSTUVWXYZ

abcdefghijklmnopqrstuvwxyz

0123456789

$\varnothing 65H7$　$\varnothing 18g6$　$\varnothing 20^{+0.010}_{-0.023}$　$M16\times 1.5$　72 ± 0.01　$Tr22\times 10(p5)$　$7e$　$R2$

Q235　A　18CrMnTi　GB/T5782　2000　3.2Max　2×B3.15/10

(2) 在指定位置画出图线与图形。

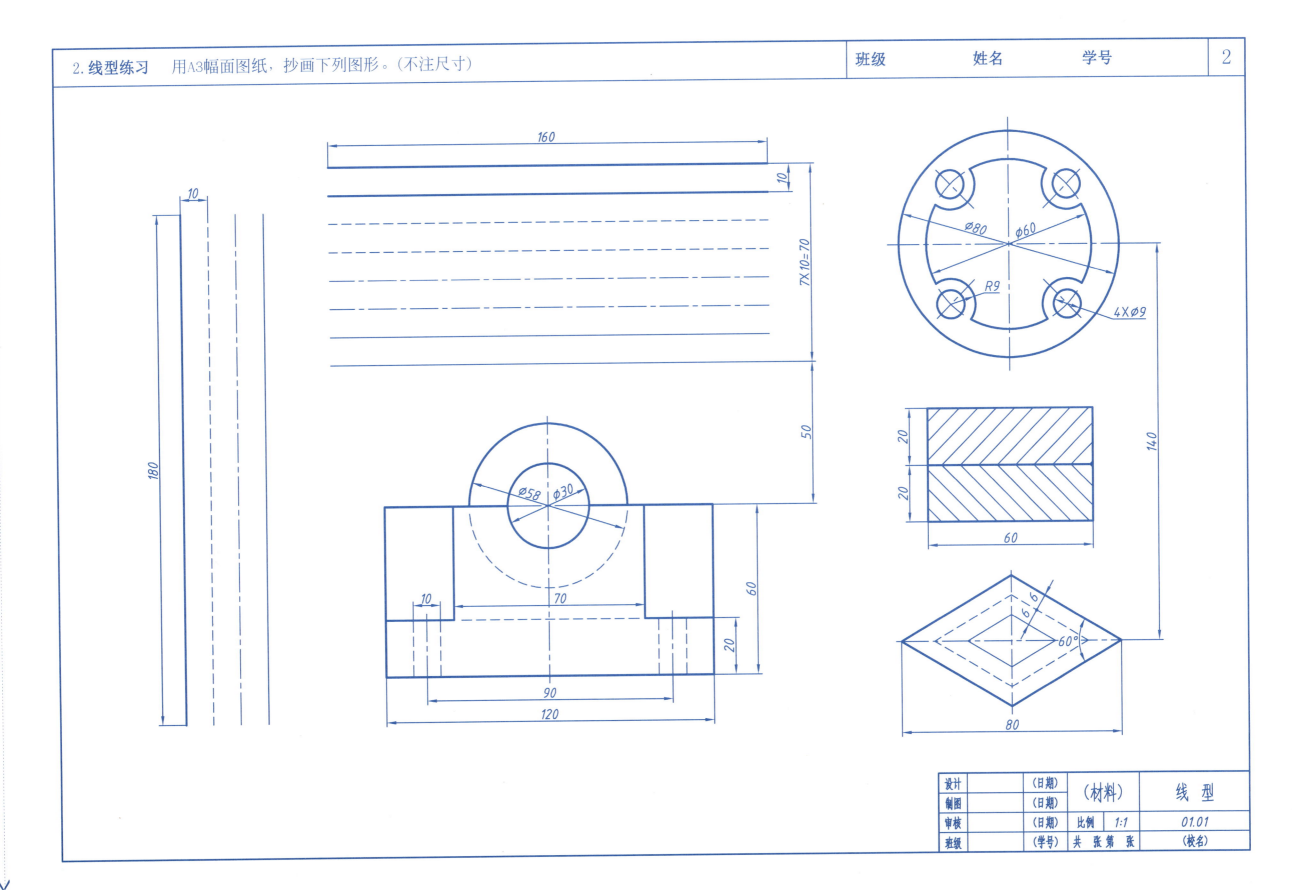

3. 几何作图

| 班级 | 姓名 | 学号 | 3 |

(1) 用四心近似法画出长轴为60mm、短轴为40mm的椭圆。

(2) 已知正六边形的对边距离为40mm，作正六边形。

(3) 在指定位置以1:1画出下列图形。

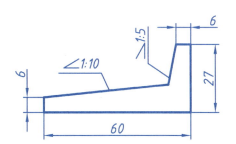

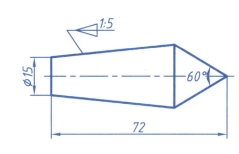

(4) 根据标注的尺寸，完成圆弧连接。

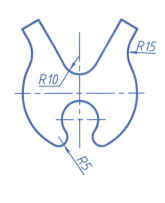
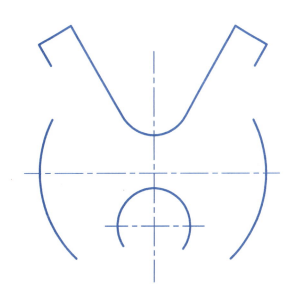

(5) 在指定位置按1:1的比例画出手柄的图形。

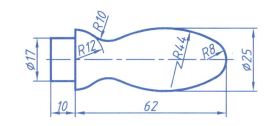

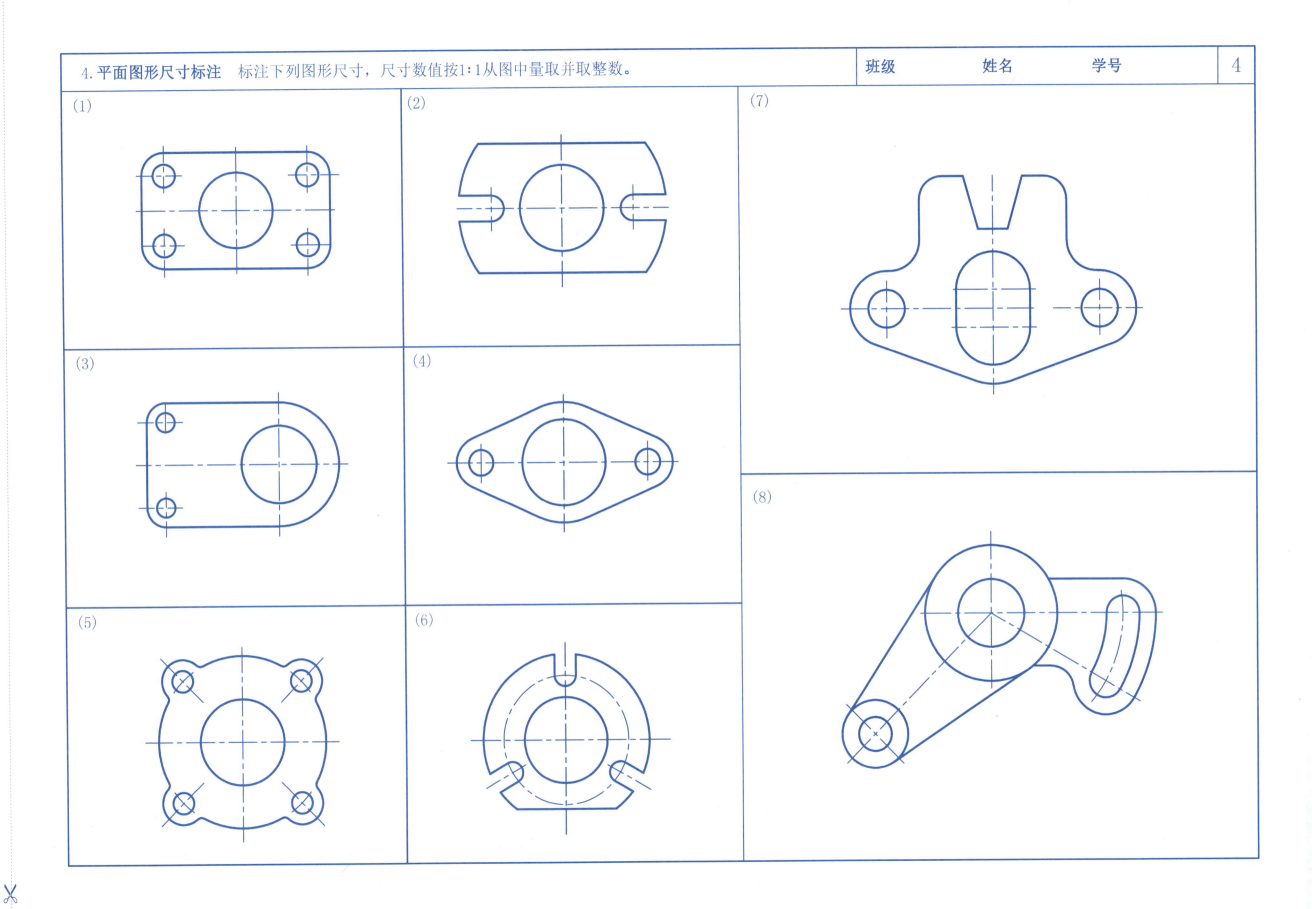

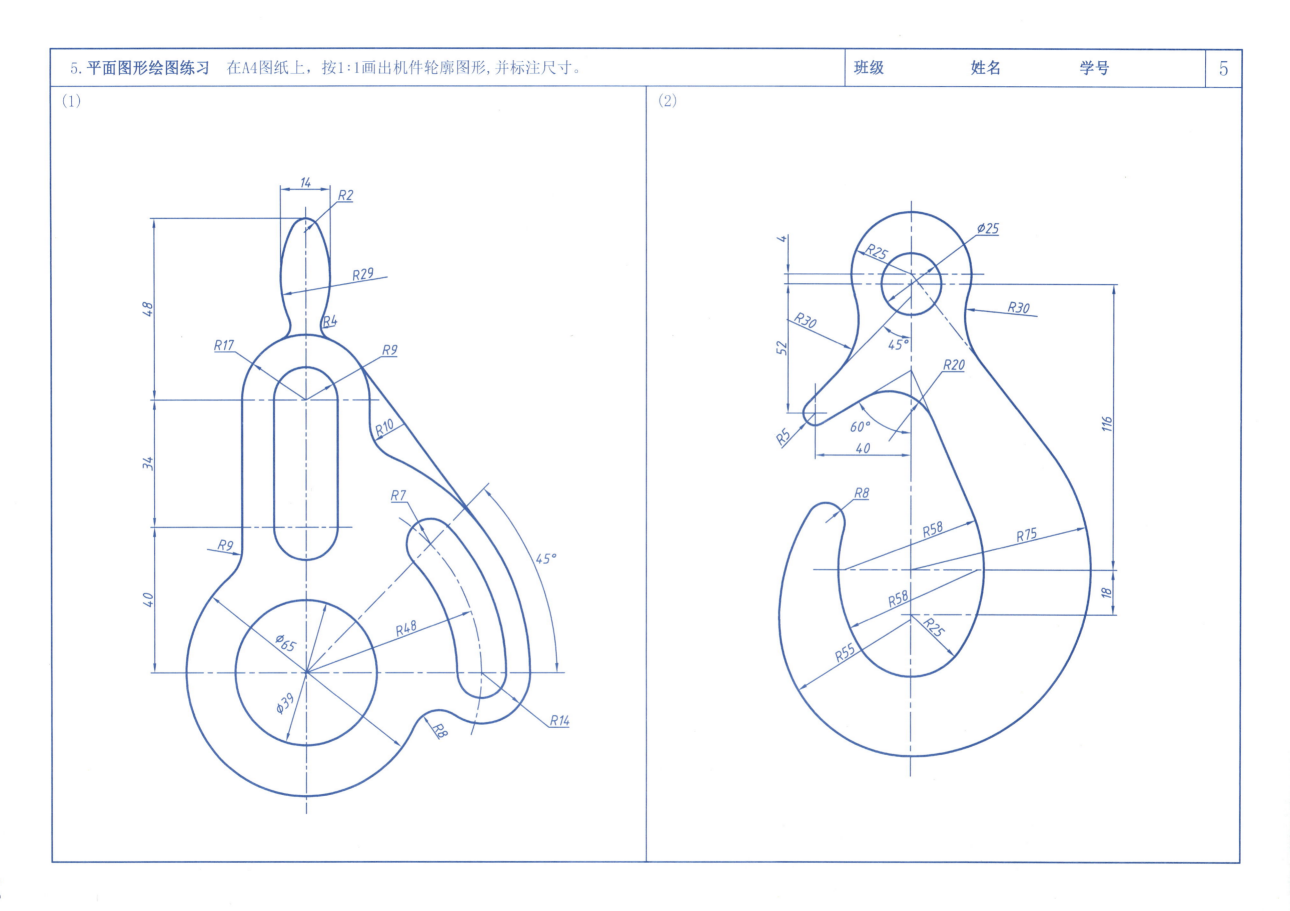

6. 点的投影

(1) 根据轴测图，画出A、B、C各点的三面投影图（坐标值从轴测图中量取）。

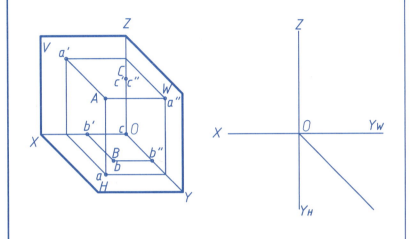

(2) 根据点的两个投影，画出点的第三个投影。

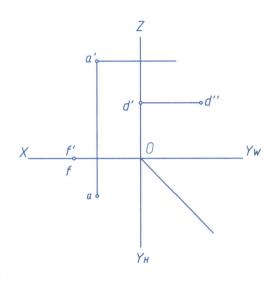

(3) 比较各点的相对位置（左、右、前、后、上、下）。

① 点A在点B的__、__、__方；

② 点B在点C的__、__、__方；

③ 点C在点A的__、__、__方。

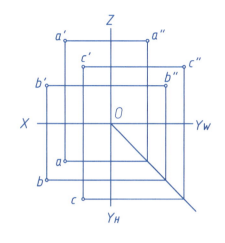

(4) 已知点B距离点A为15mm，点C位于点A之前10mm，点D在点A的正下方10mm，求各点的三面投影，并判别可见性。

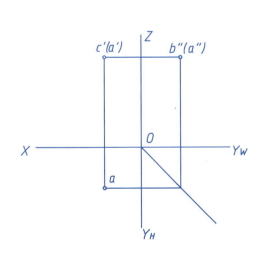

(5) 根据点的两个投影，画出第三个投影，并判断可见性，把不可见的投影画上括号。

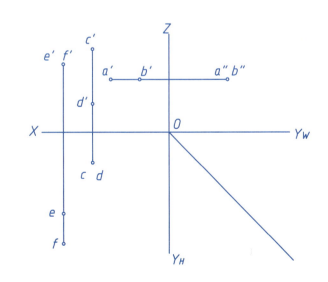

(6) 已知点A的坐标为（15，10，20），点B和点C对点A在X、Y、Z方向的相对坐标分别为（+5，+5，-10）和（-5，+10，-5），求作点A、B、C的三面投影，并确定点B对点C的相对坐标。

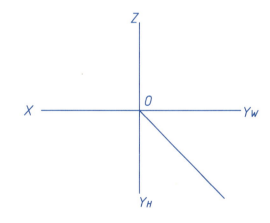

点B对点C的相对坐标为（__，__，__）。

7. 直线的投影及两直线的相对位置

(1) 画出下列直线的三面投影。
① 直线AB端点坐标：
A（15，5，15），
B（8，15，10）。
② 直线CD端点C距V面为5mm。

③ 水平线EF，实长12mm，$\beta=30°$。
④ 正平线GH，实长15mm，$\alpha=60°$。

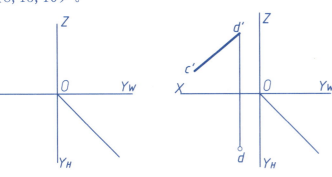

(2) 判断下列直线对投影面的位置，并确定其倾角。

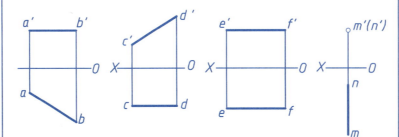

AB是____线； CD是____线； EF是____线； MN是____线；
$\alpha=$____； $\alpha=$____； $\alpha=$____； $\alpha=$____；
$\beta=$____； $\beta=$____； $\beta=$____； $\beta=$____；
$\gamma=$____。 $\gamma=$____。 $\gamma=$____。 $\gamma=$____。

(3) 已知点K在直线AB上，求点K的水平投影。
① ②

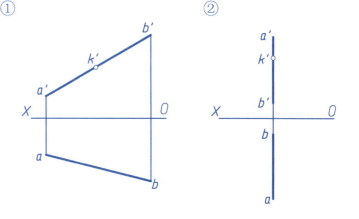

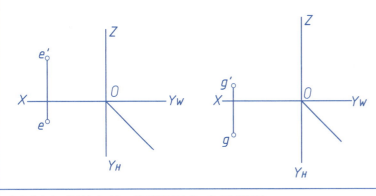

(4) 判断直线AB和CD的相对位置（平行、相交、交叉）。

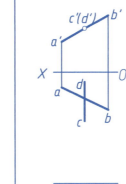 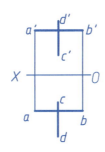 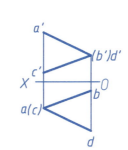 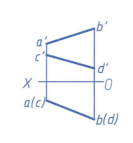 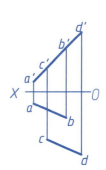 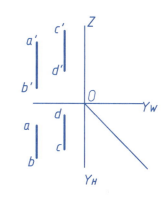

____ ____ ____ ____ ____ ____

(5) 标出重影点的正面投影和水平投影。
① ②

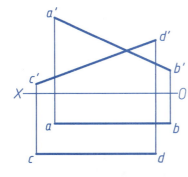

(6) 判断直线AB、CD是否在同一平面上。

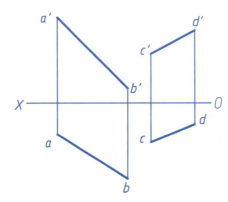

AB与CD在同一平面上____（Y/N）。

(7) 作直线MN与EF平行，并且MN与AB、CD均相交，交点分别为M、N。

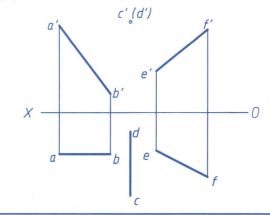

8. 直线与平面及两平面的相对位置 (1)

(1) 判别下列平面为何种位置平面。

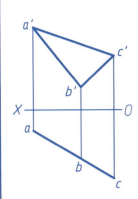 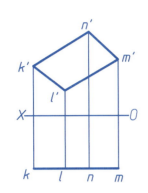 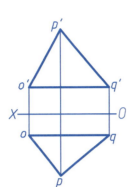 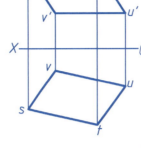

△ABC是____面，□KLMN是____面，△OPQ是____面，□STUV是____面。

(2) 已知点K在平面ABC上，求点K的水平投影。

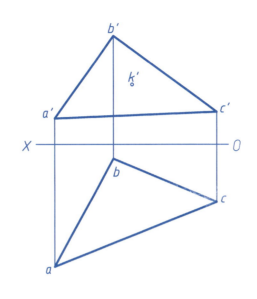

(3) 在△ABC内作一点K，距离H面15mm，距离V面12mm。

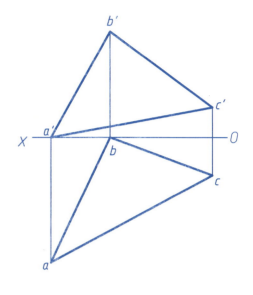

(4) 求作平面ABCDE的正面投影。

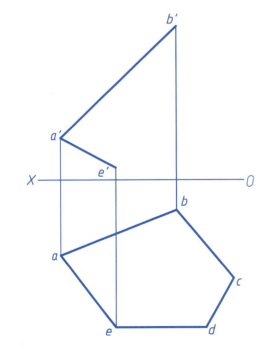

(5) 已知等腰直角△ABC的为正垂面，底边BC为正平线，求作△ABC的投影。

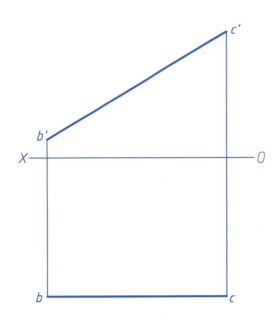

(6) 判断直线与平面是否平行。
① ②

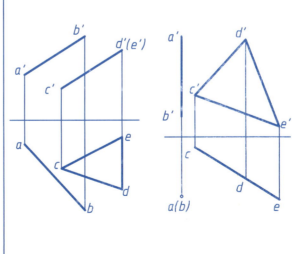

(7) 判断平面与平面是否平行。
① ②

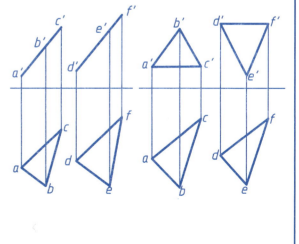

8. 直线与平面及两平面的相对位置 (2)

(8) 过点D作一条长度为20mm的水平线DE与△ABC平行。

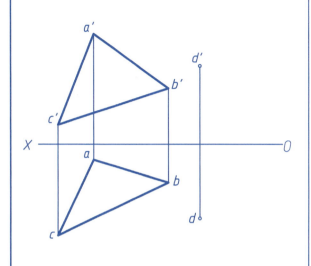

(9) 已知直线DE与△ABC平行，求作△ABC的水平投影。

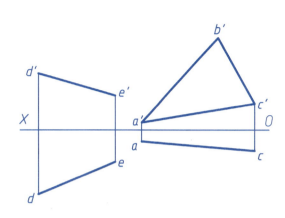

(10) 已知△ABC平行于△DEF，求△ABC的水平投影。

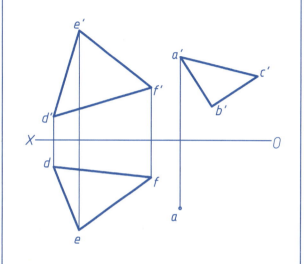

(11) 求直线CD与▱EFGH的交点K，并判断可见性。

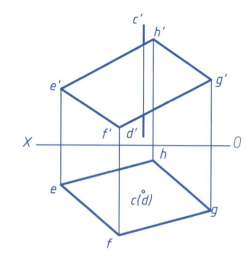

(12) 求直线EF与△ABC的交点K，并判别可见性。

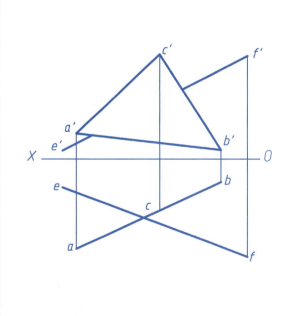

(13) 求两平面的交线MN，并判断可见性。

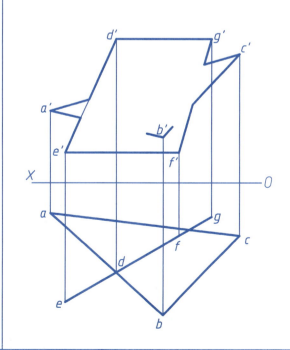

(14) 求两平面的交线MN，并判断可见性。

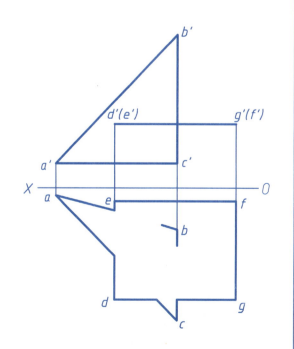

(15) 求直线AB与△DEF的交点K，并判断直线的可见性。

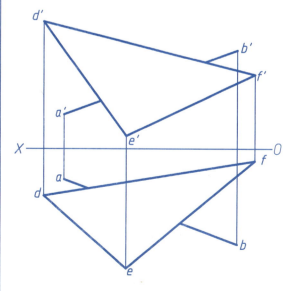

9. 立体的投影　　作出立体的投影及表面点、线的另两个投影。

班级　　姓名　　学号　　10

(1)

(2)

(3)

(4)

(5)

(6)

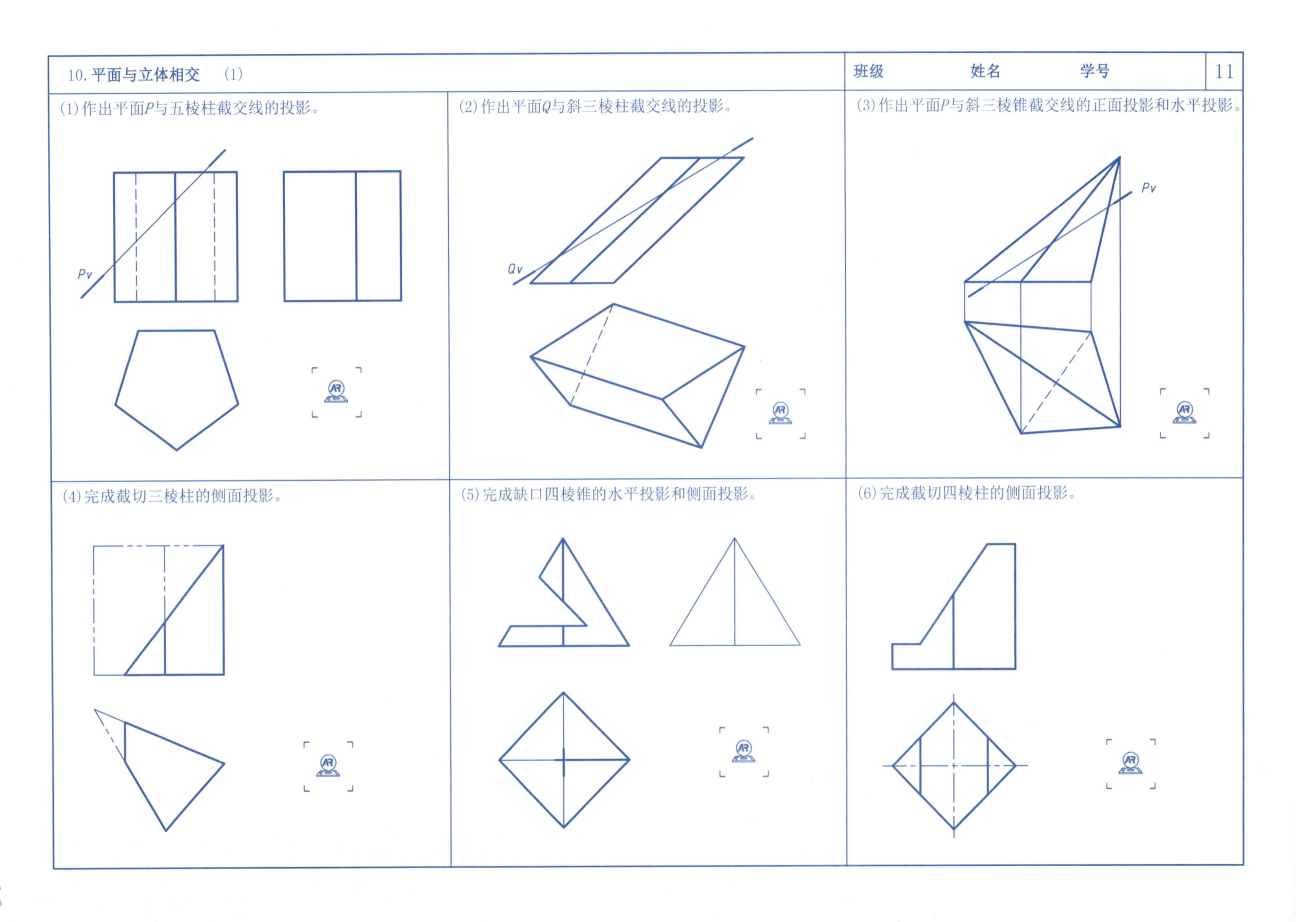

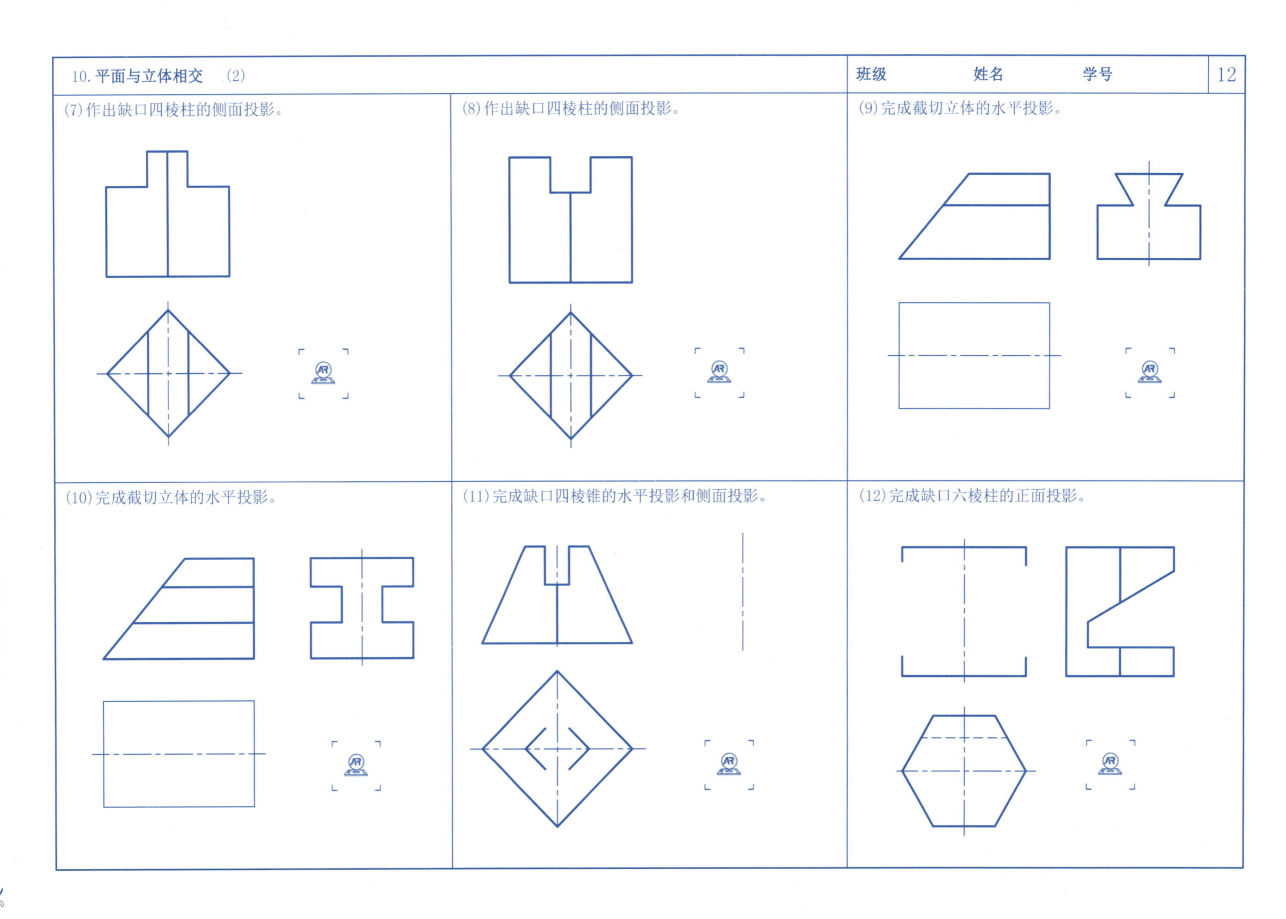

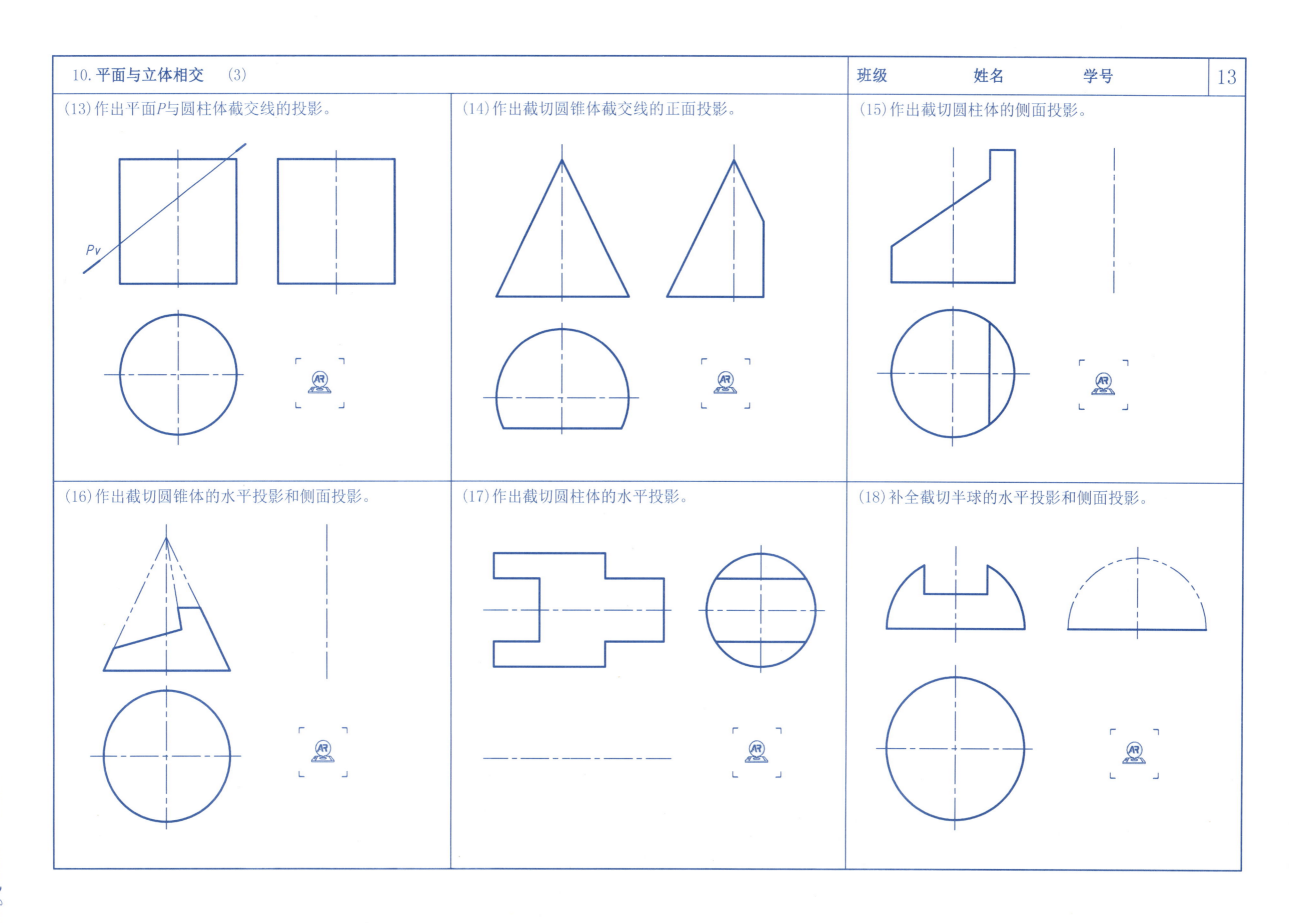

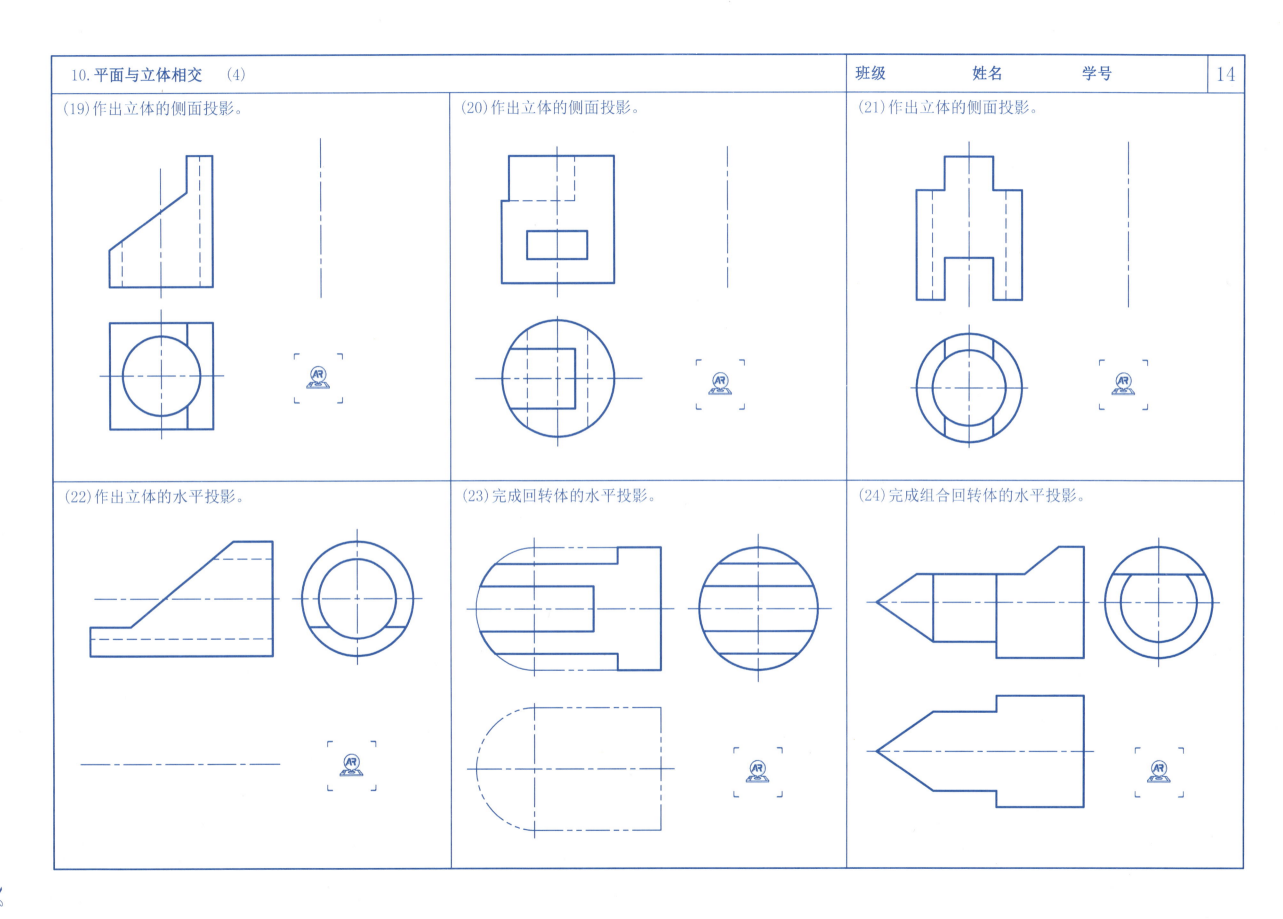

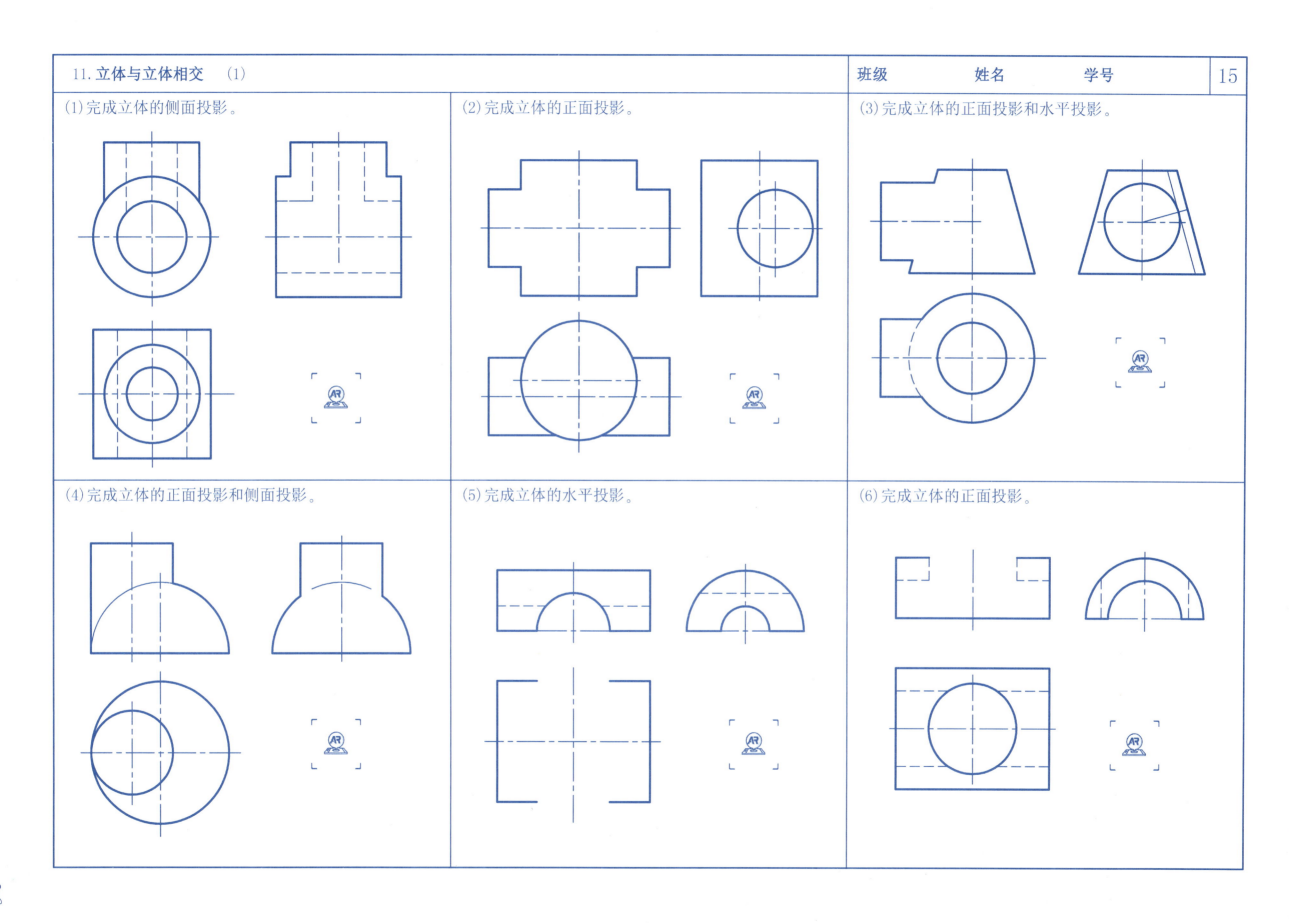

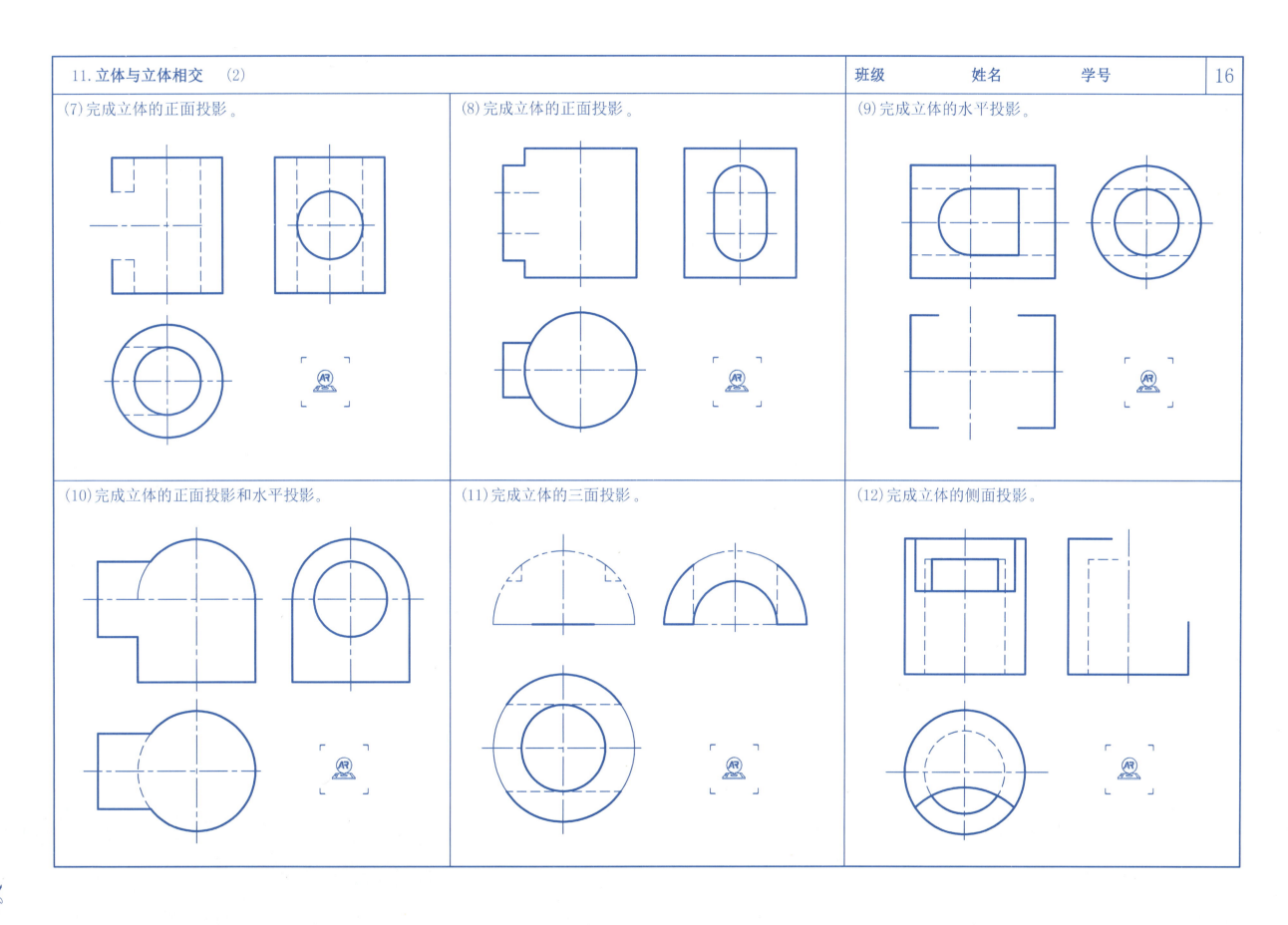

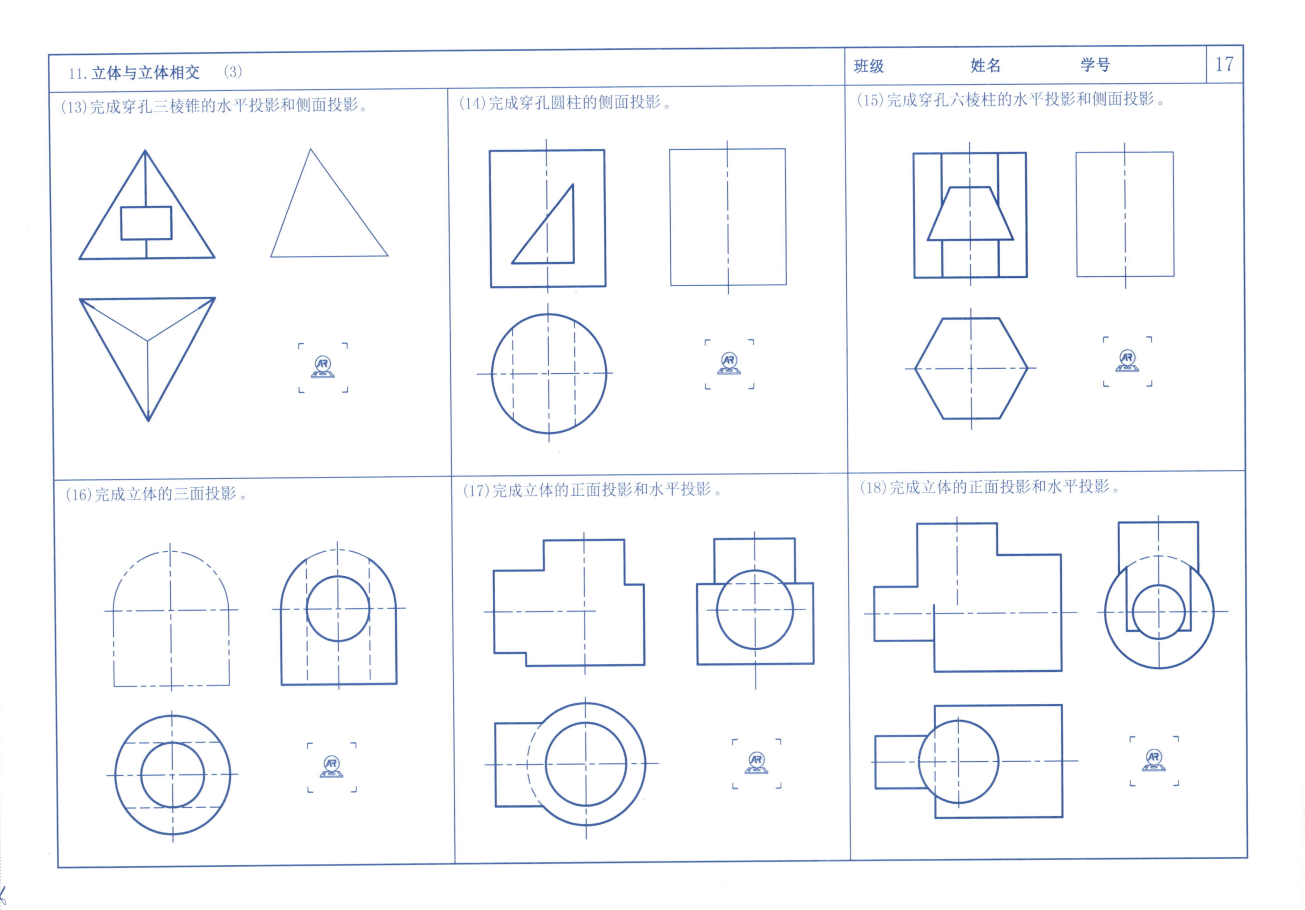

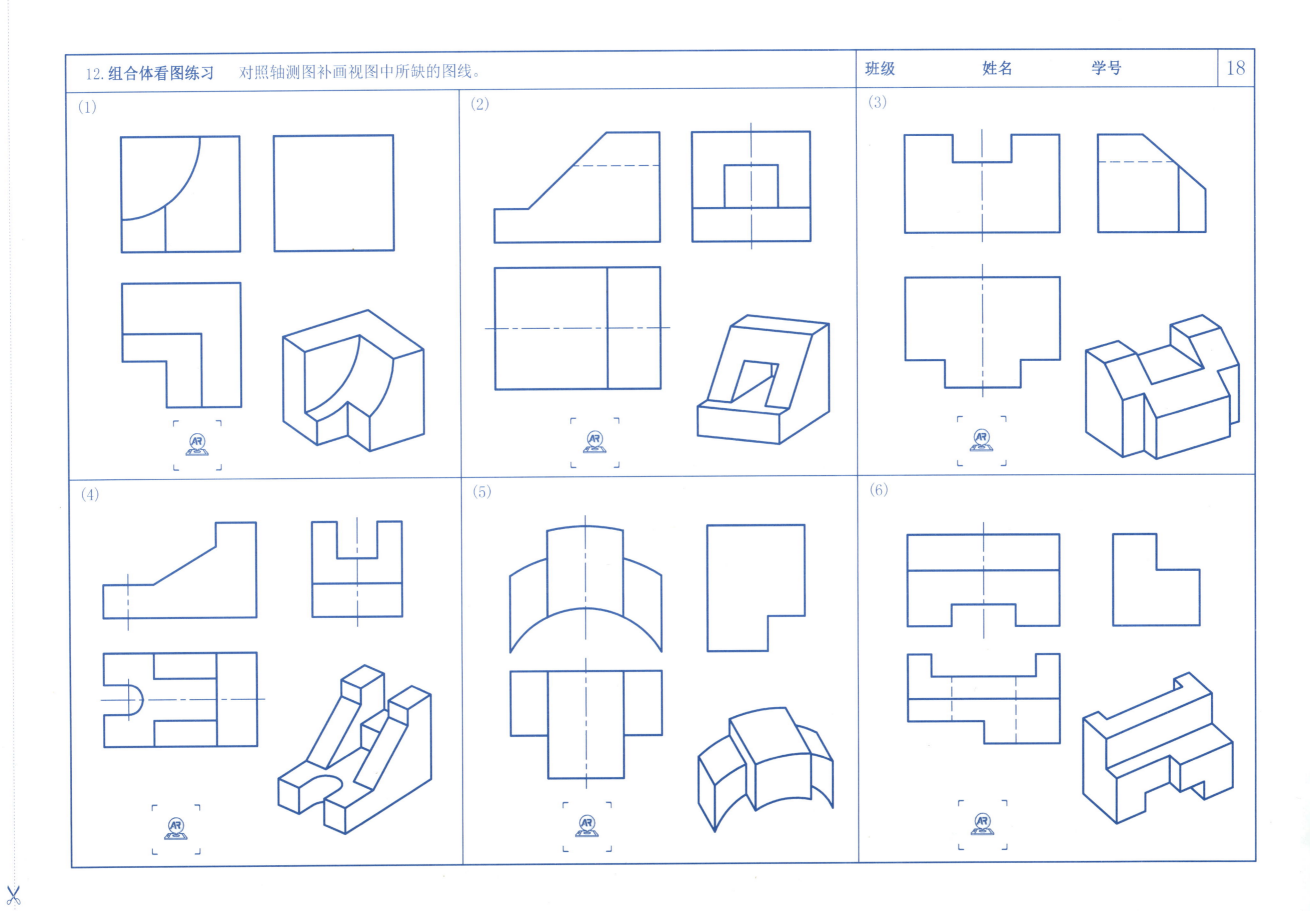

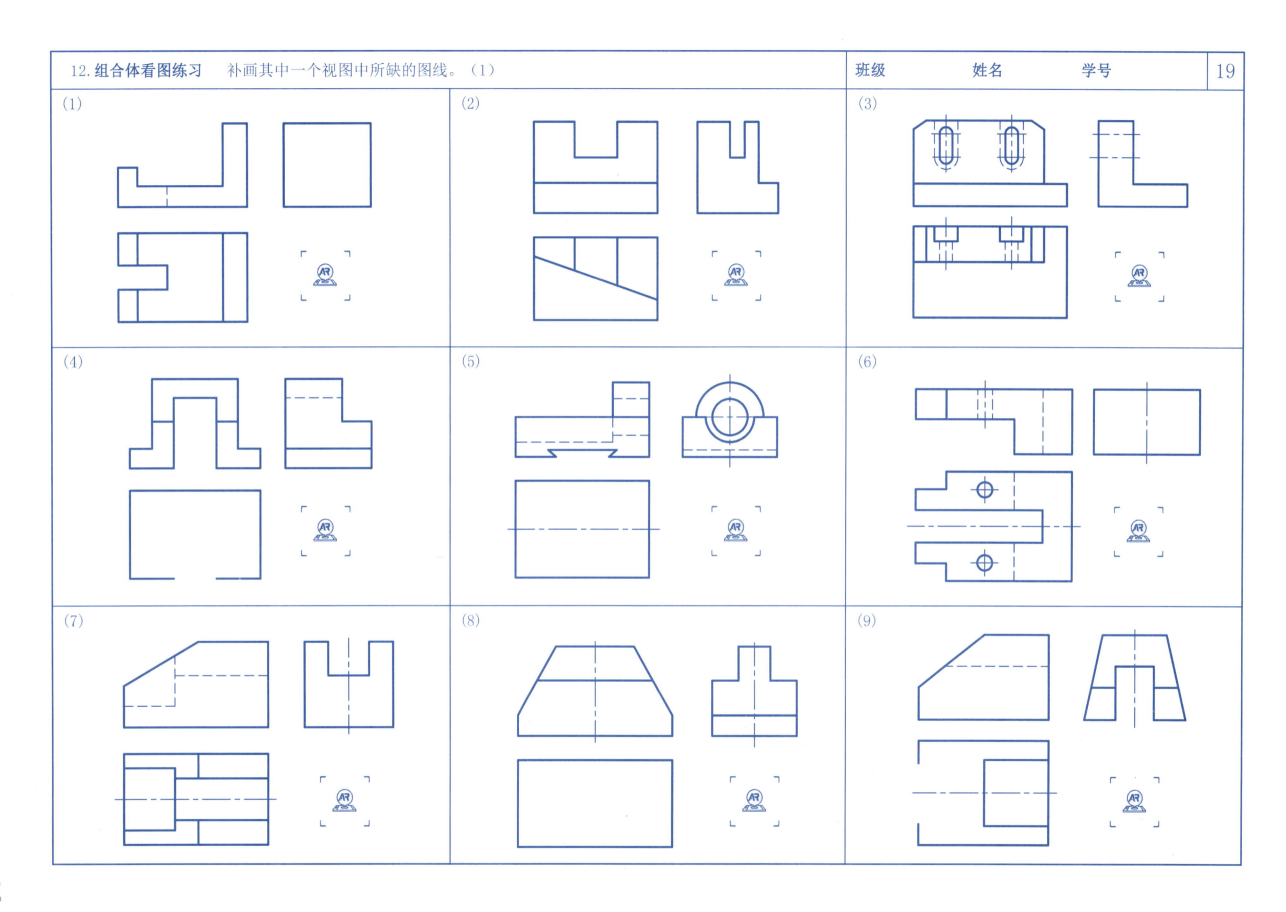

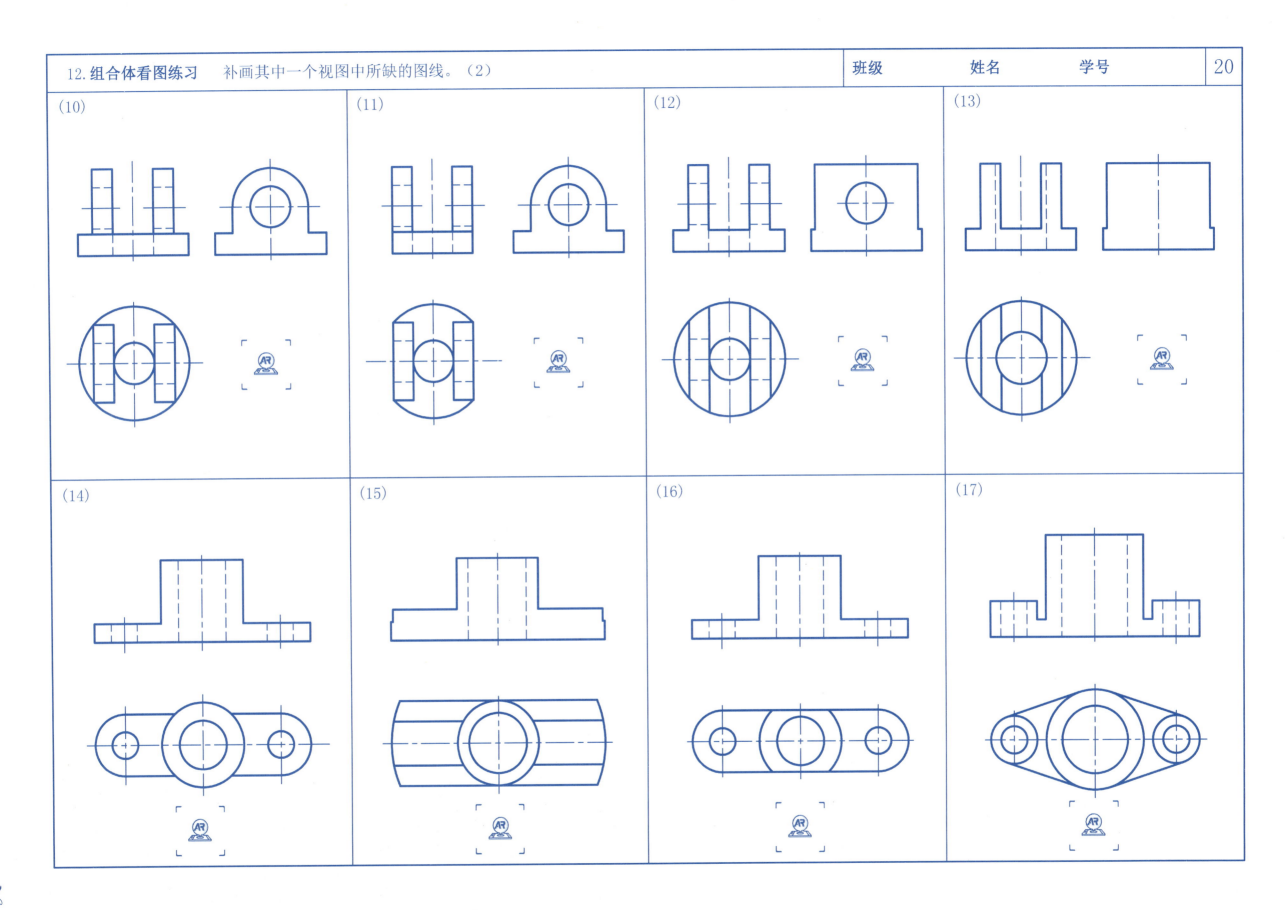

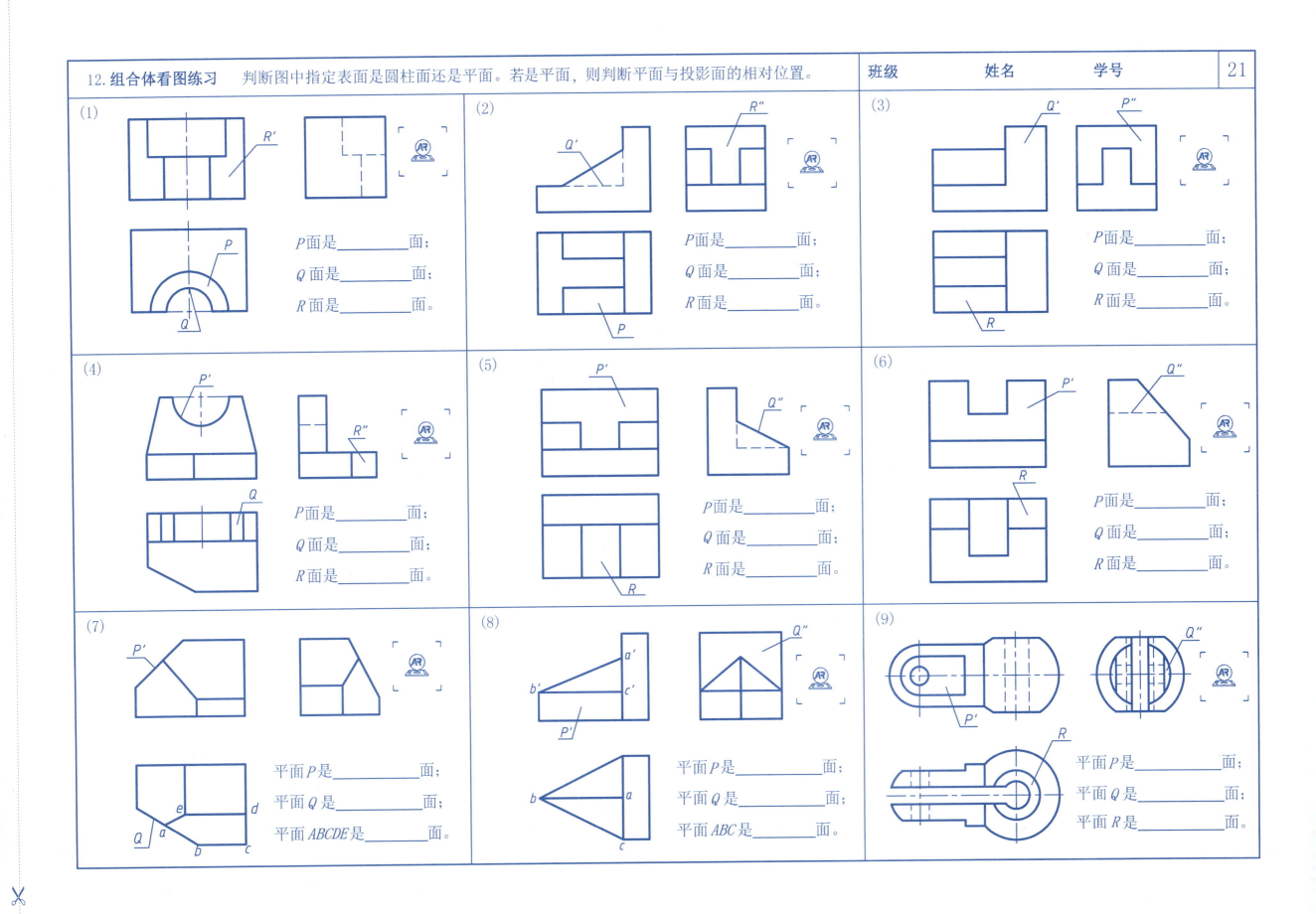

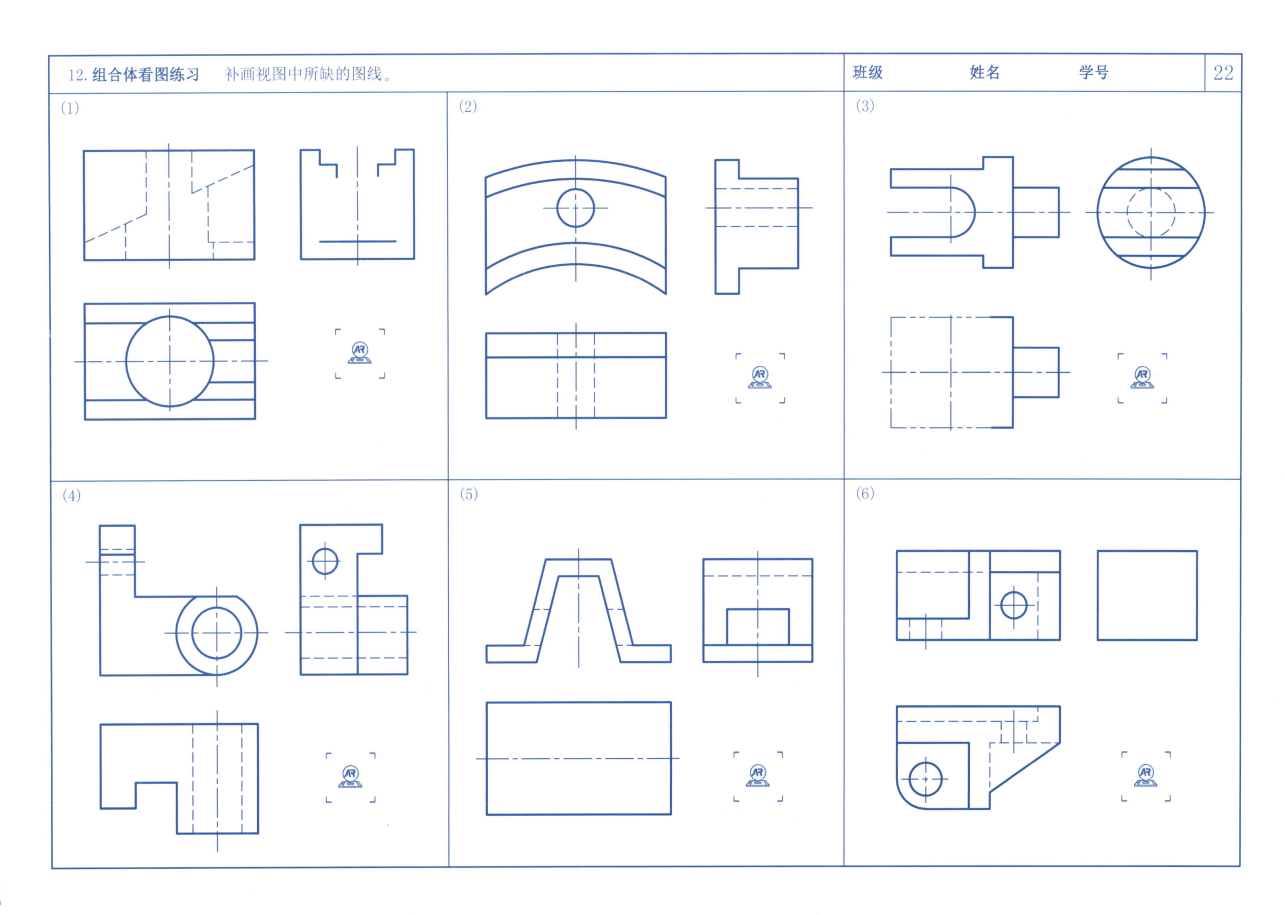

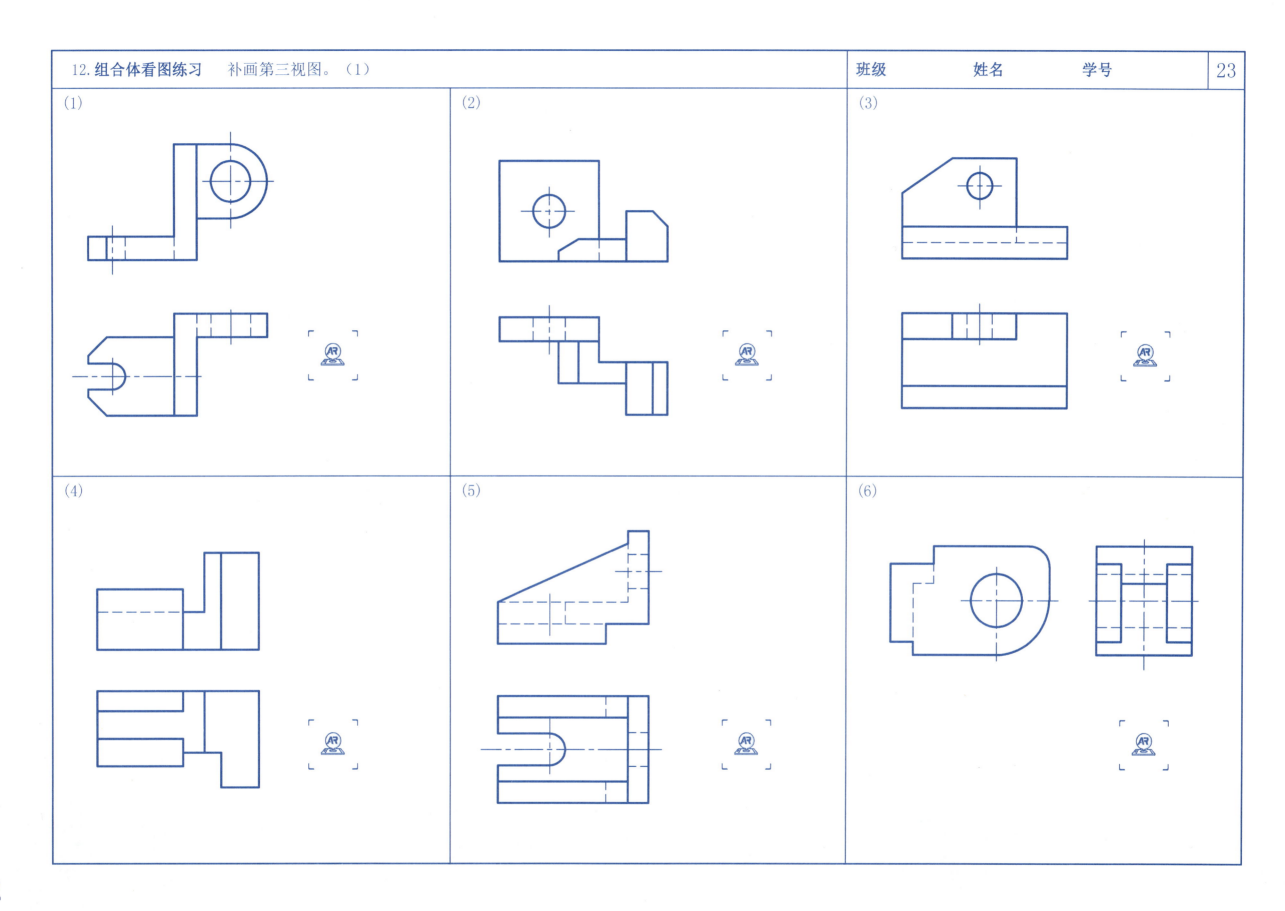

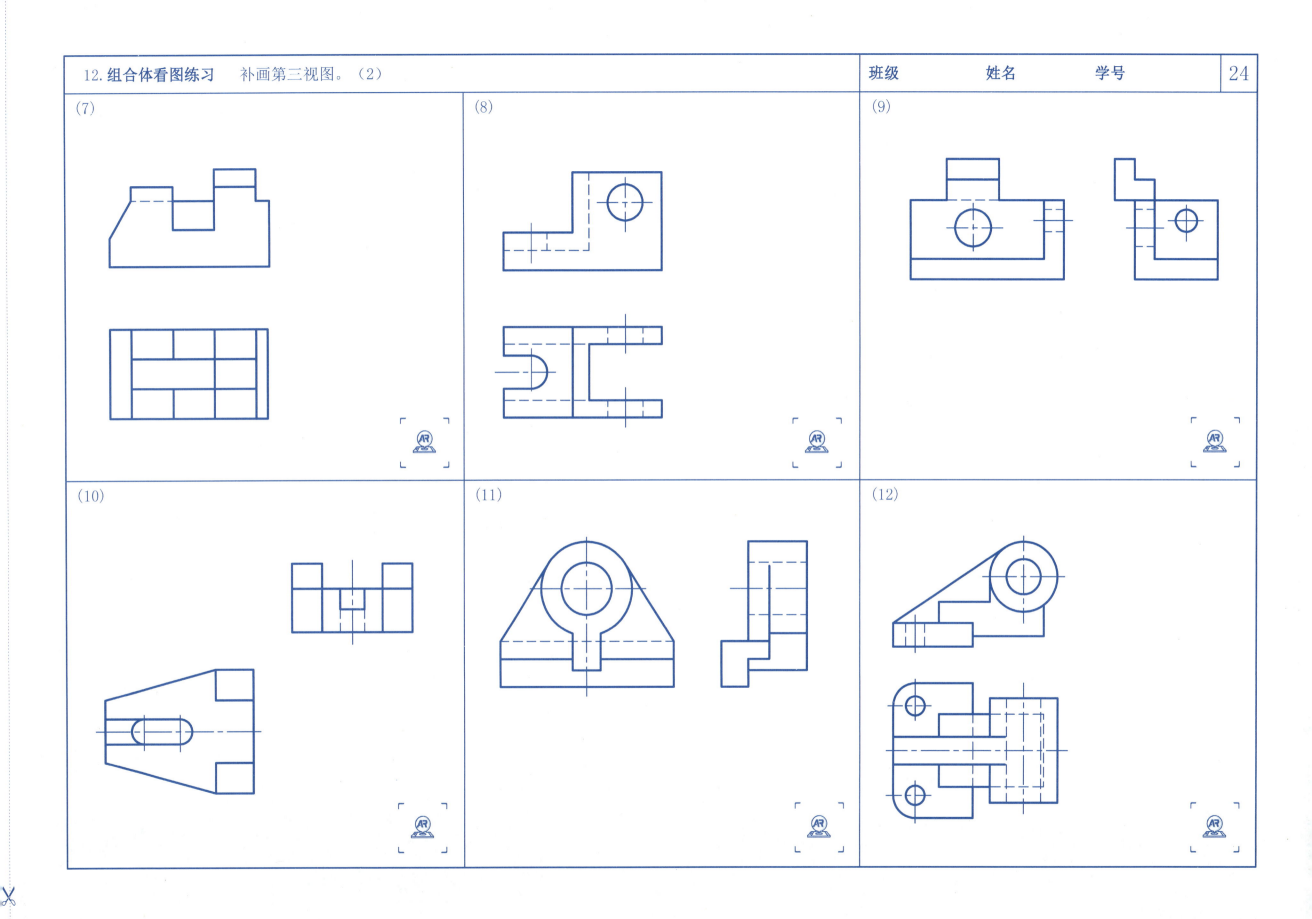

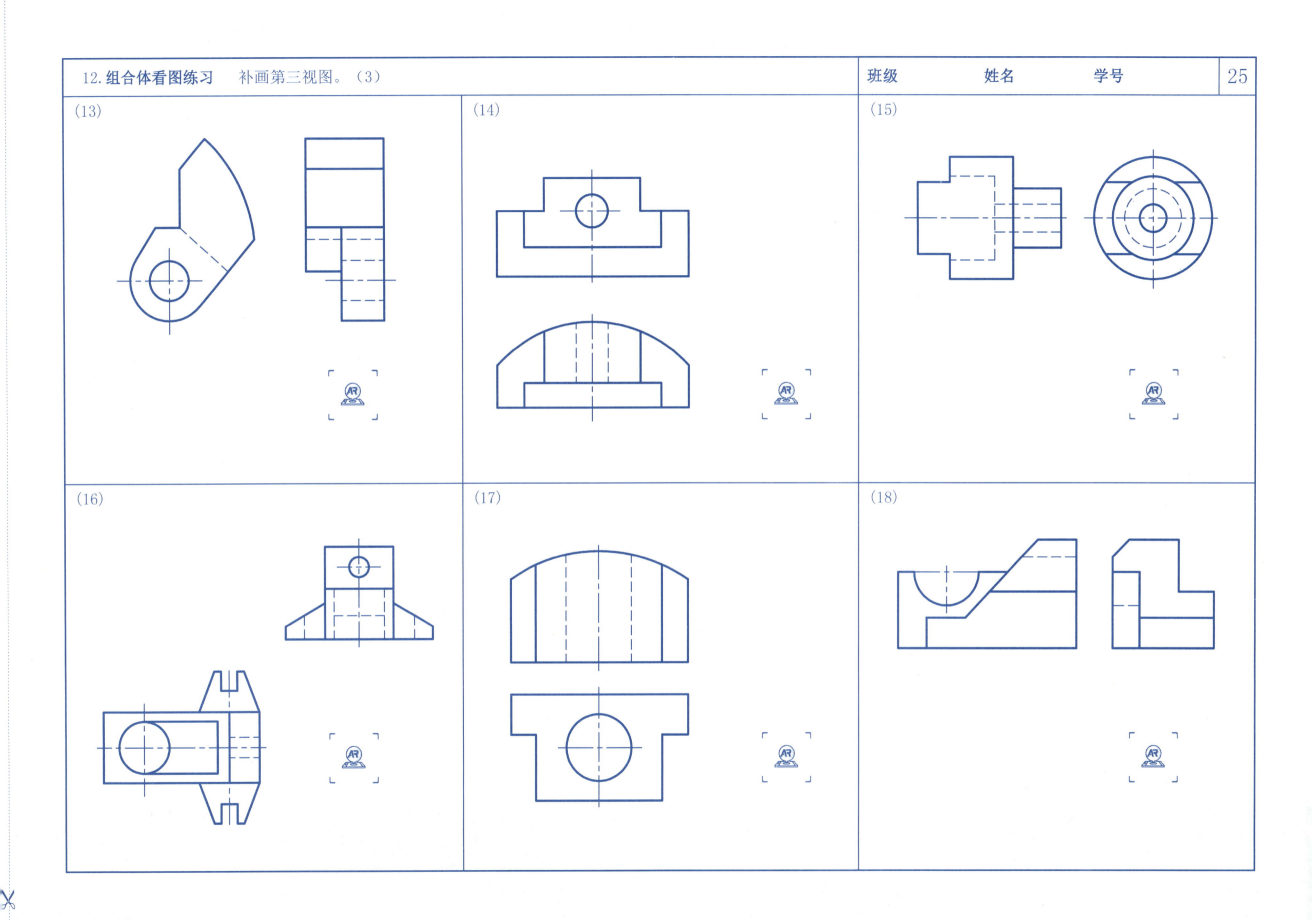

12. 组合体看图练习　补画第三视图。（4）

(19)
(20)
(21)
(22)
(23) R15 φ30
(24)

12. 组合体看图练习　　补画第三视图。（5）

(25) (26) (27)

(28) (29) (30)

12. 组合体看图练习　　补画第三视图。（6）

(31) (32) (33)
(34) (35) (36)

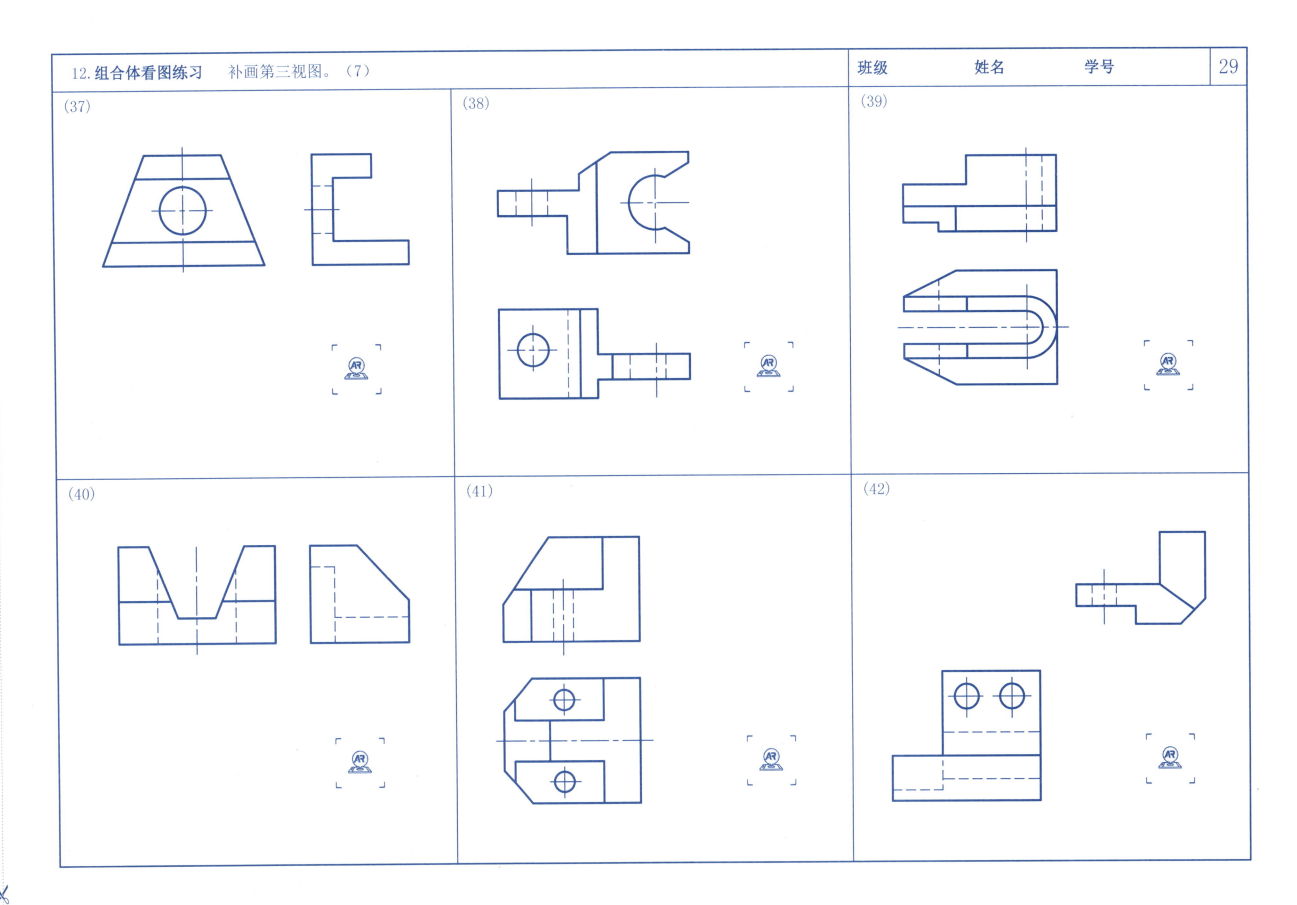

13. 组合体尺寸标注　　标注下列组合体的尺寸，尺寸数值按1:1从图中量取并取整数。

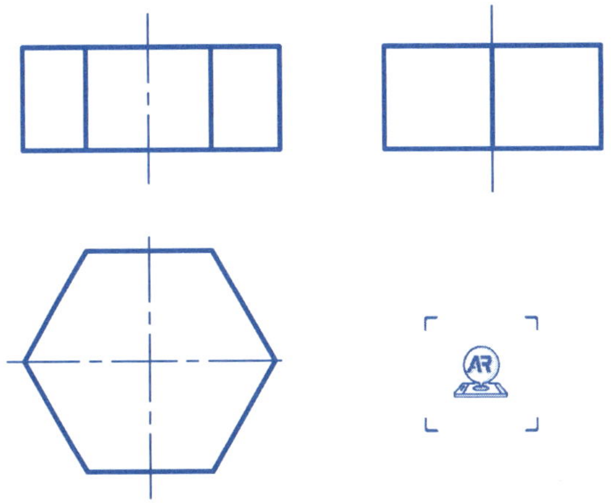

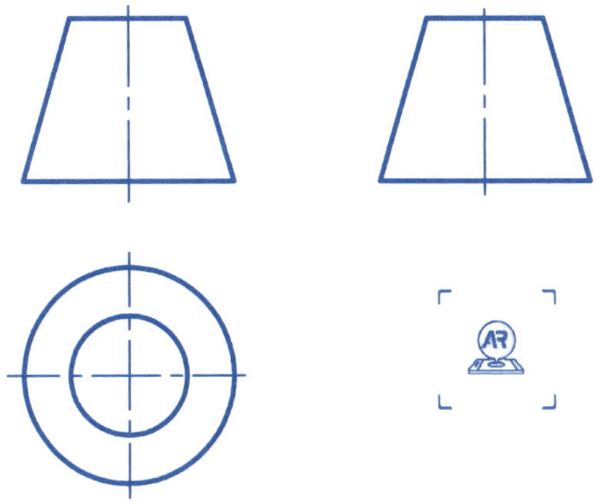

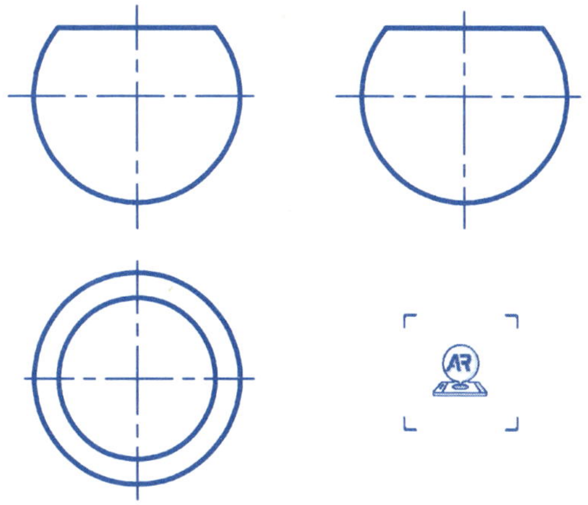

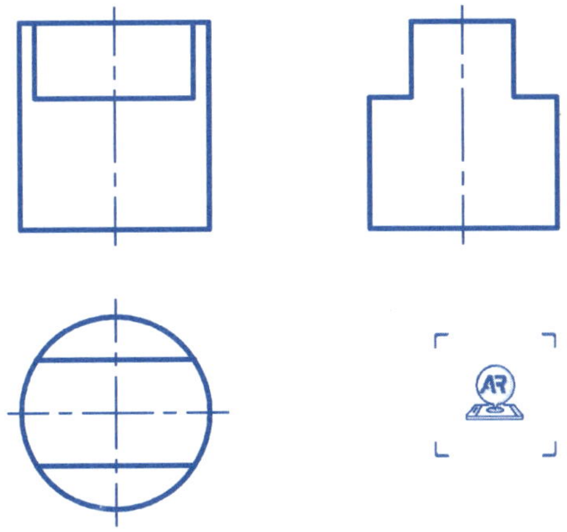

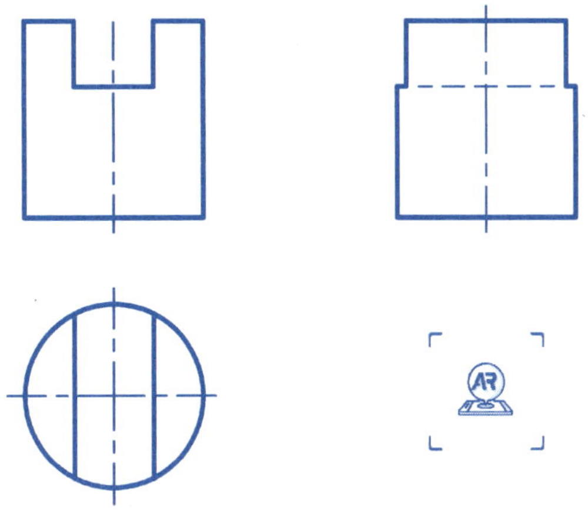

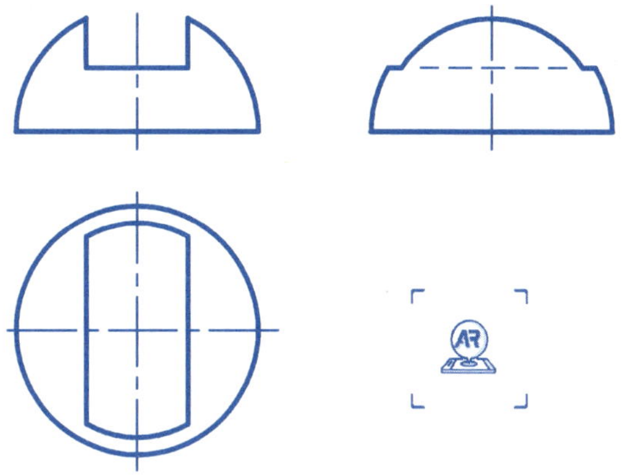

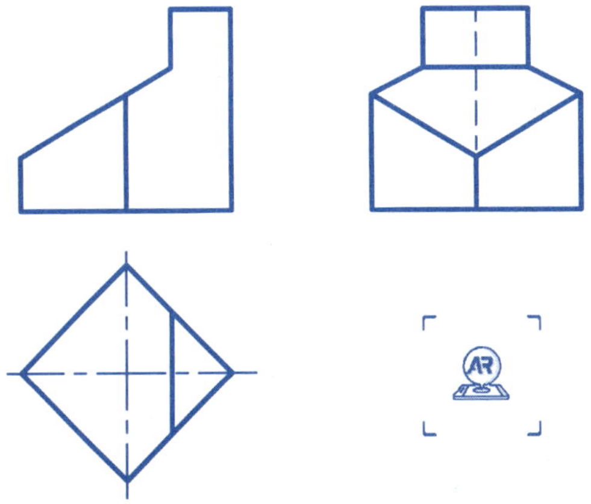

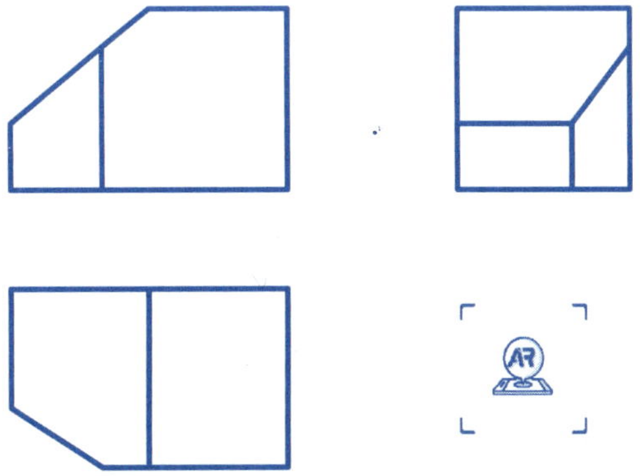

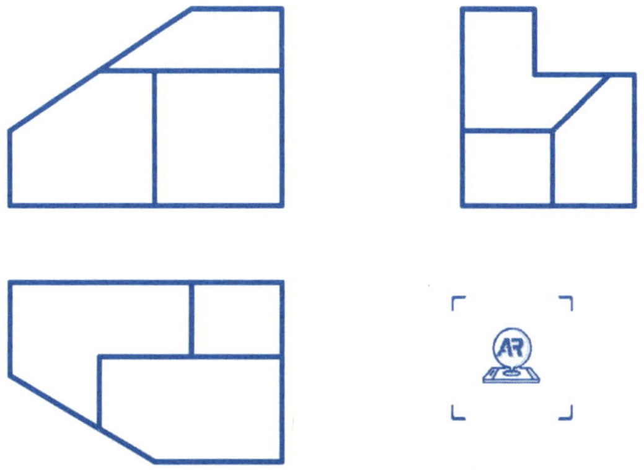

13. 组合体尺寸标注 | 班级　　　姓名　　　学号 | 31

(1) 改正图中错误的尺寸，补齐漏注的尺寸。

(2) 标注组合体尺寸（尺寸数值按1:1直接从原图量取）。

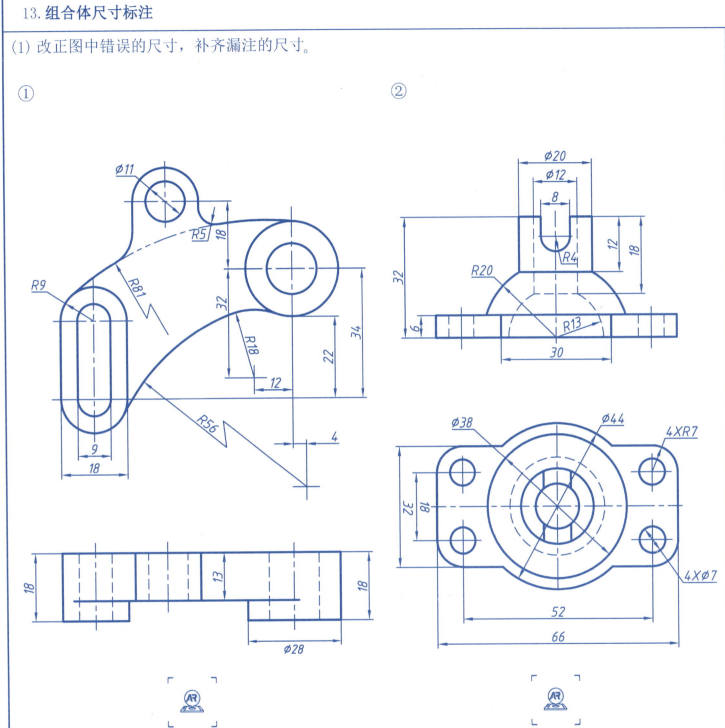

注：共有11个错漏尺寸。　　　　　注：共有11个错漏尺寸。

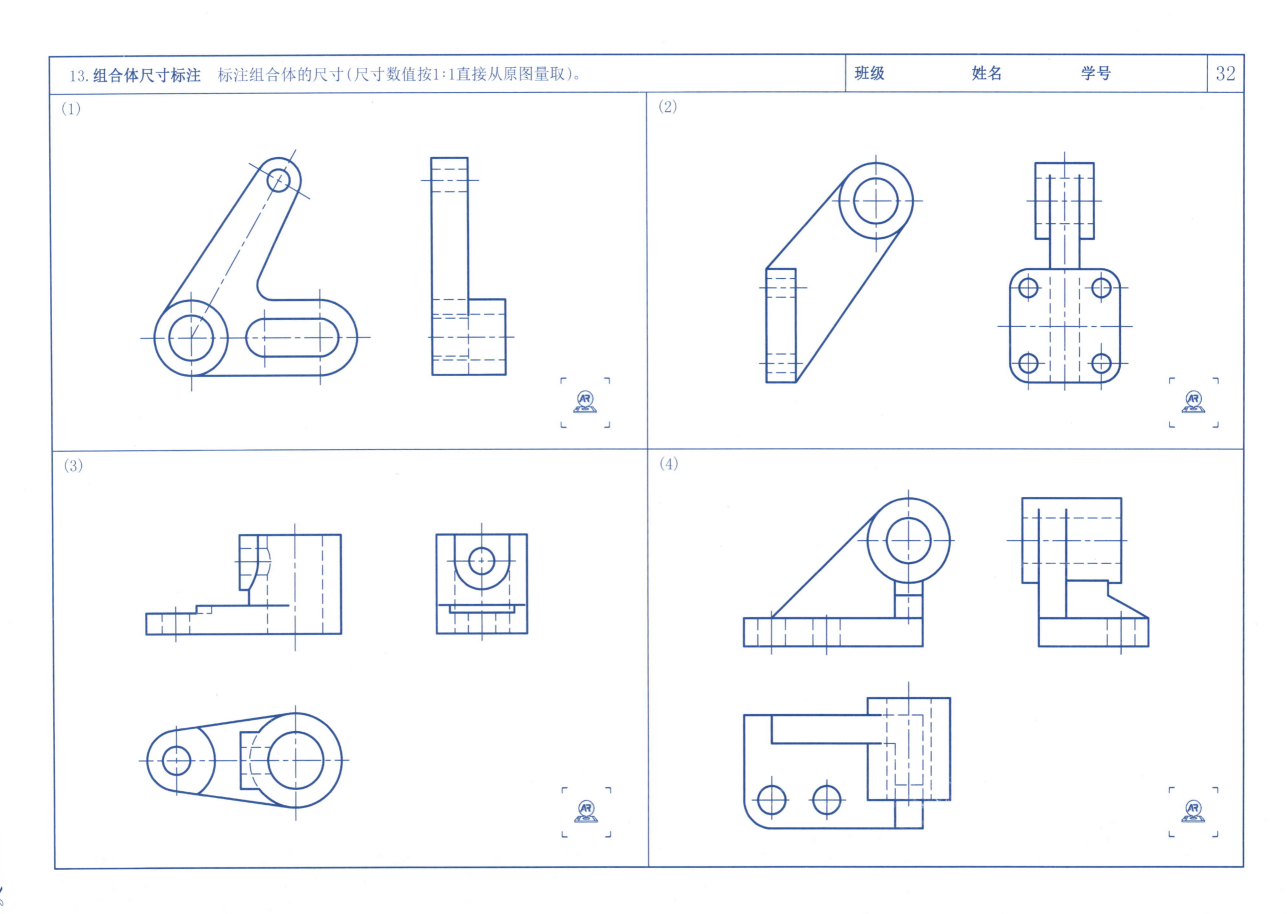

14. 组合体三视图绘图练习　　根据轴测图在A4图纸上1:1画出三视图，并标注尺寸。　　班级　　姓名　　学号　　33

(1)

(2)

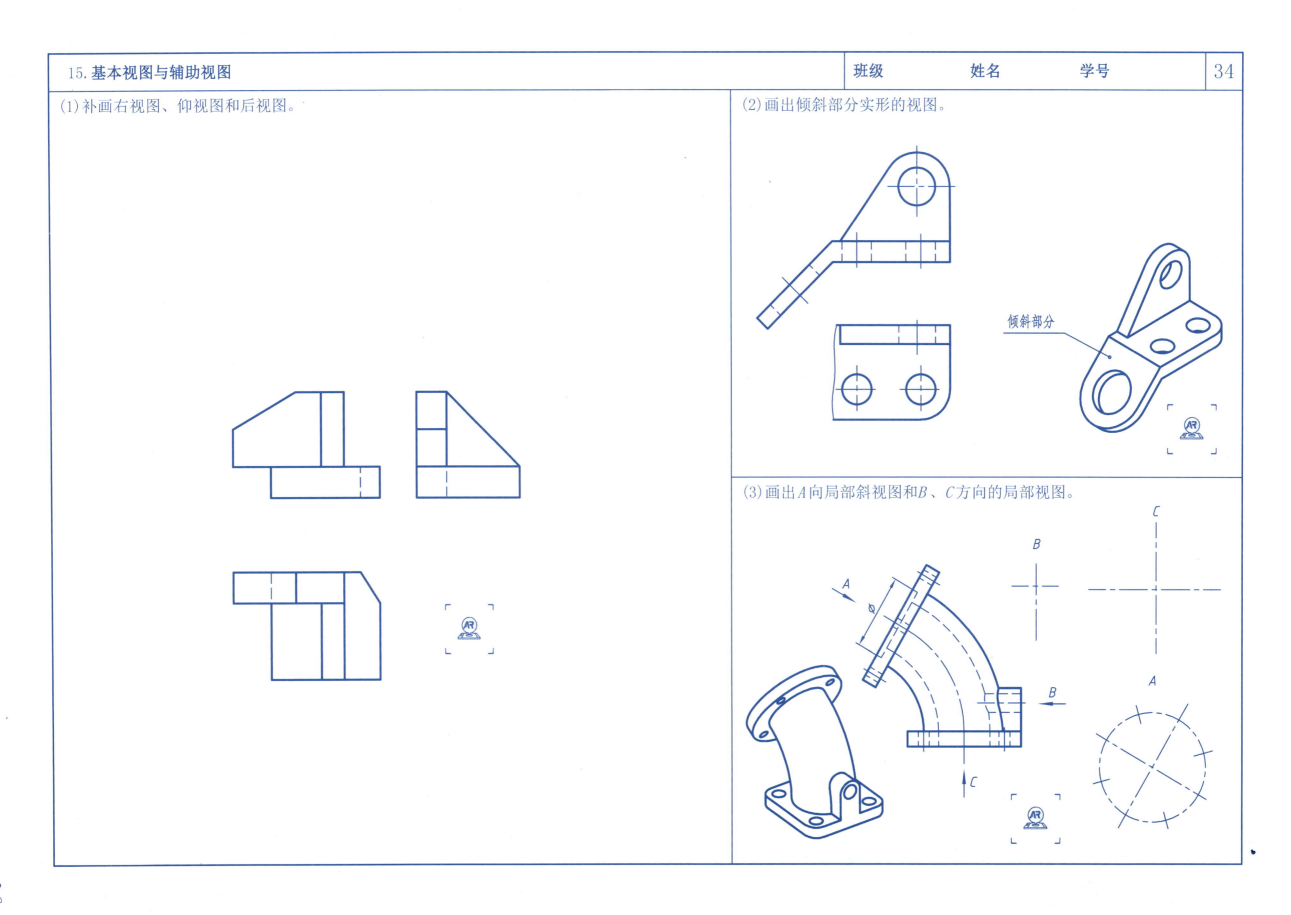

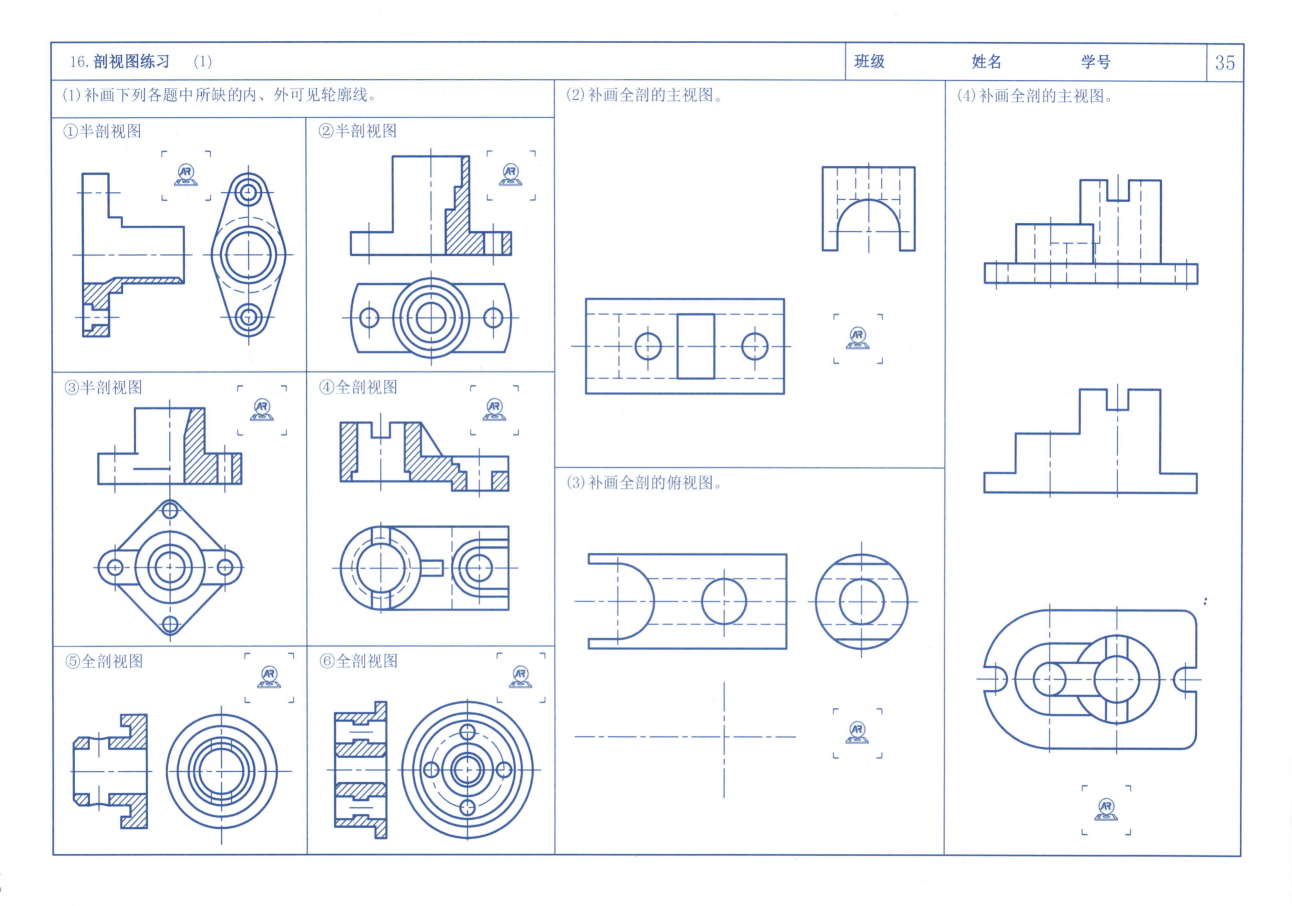

16. 剖视图练习 (2) 班级　　　姓名　　　学号　　36

(5) 主视图作全剖视图，左视图作半剖视图，并作标注。

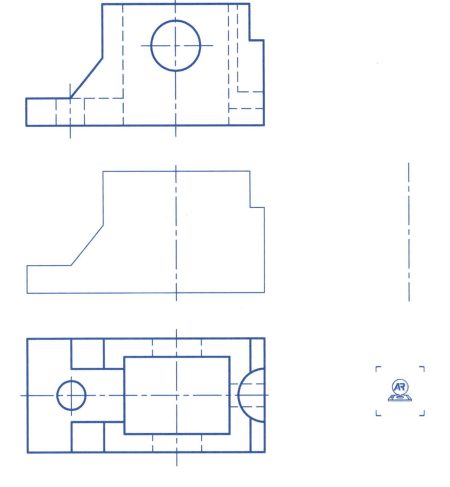

(6) 通过孔A、孔B的中心线，分别作出全剖视图代替原来的主视图和左视图，并作相应的剖视图标注。

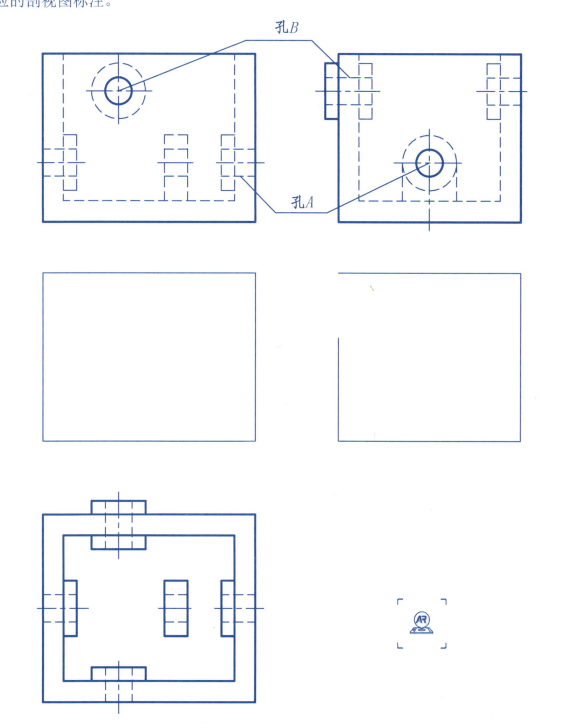

◆ 剖视图一般需要标注的内容
　①剖切平面的位置：在视图的两侧用断开的＿＿＿＿线表示，并在其附近标上字母＿＿＿。
　②投影方向：用＿＿＿＿＿表示。
　③剖视图的名称：在所画剖视图的＿＿＿＿注上相同的字母＿＿＿＿。
◆ 剖视图的省略标注
　当剖切平面通过机件的对称平面（或基本对称平面），剖视图按＿＿＿＿关系配置，中间又没有＿＿＿＿＿隔开时，可以省略标注。

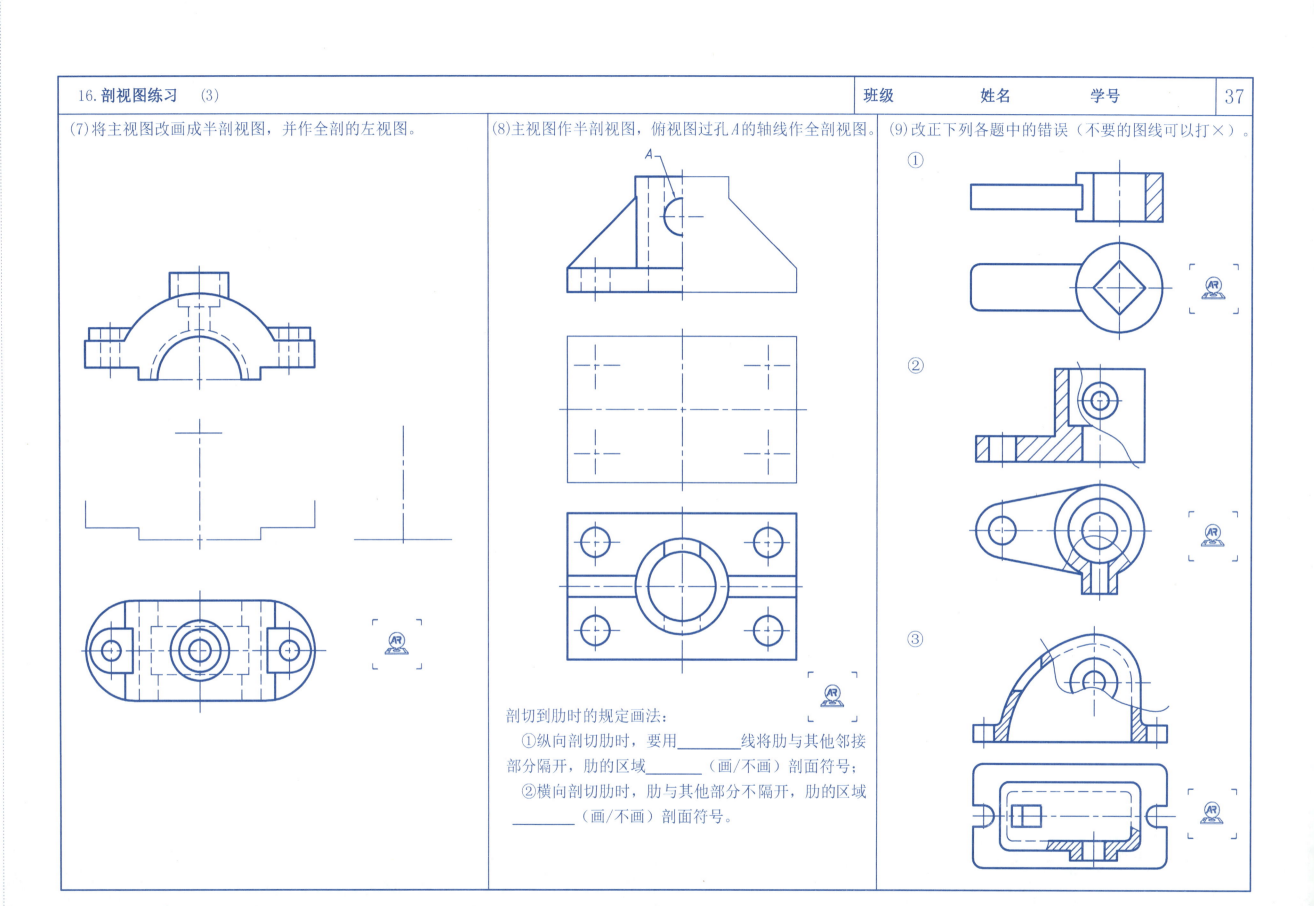

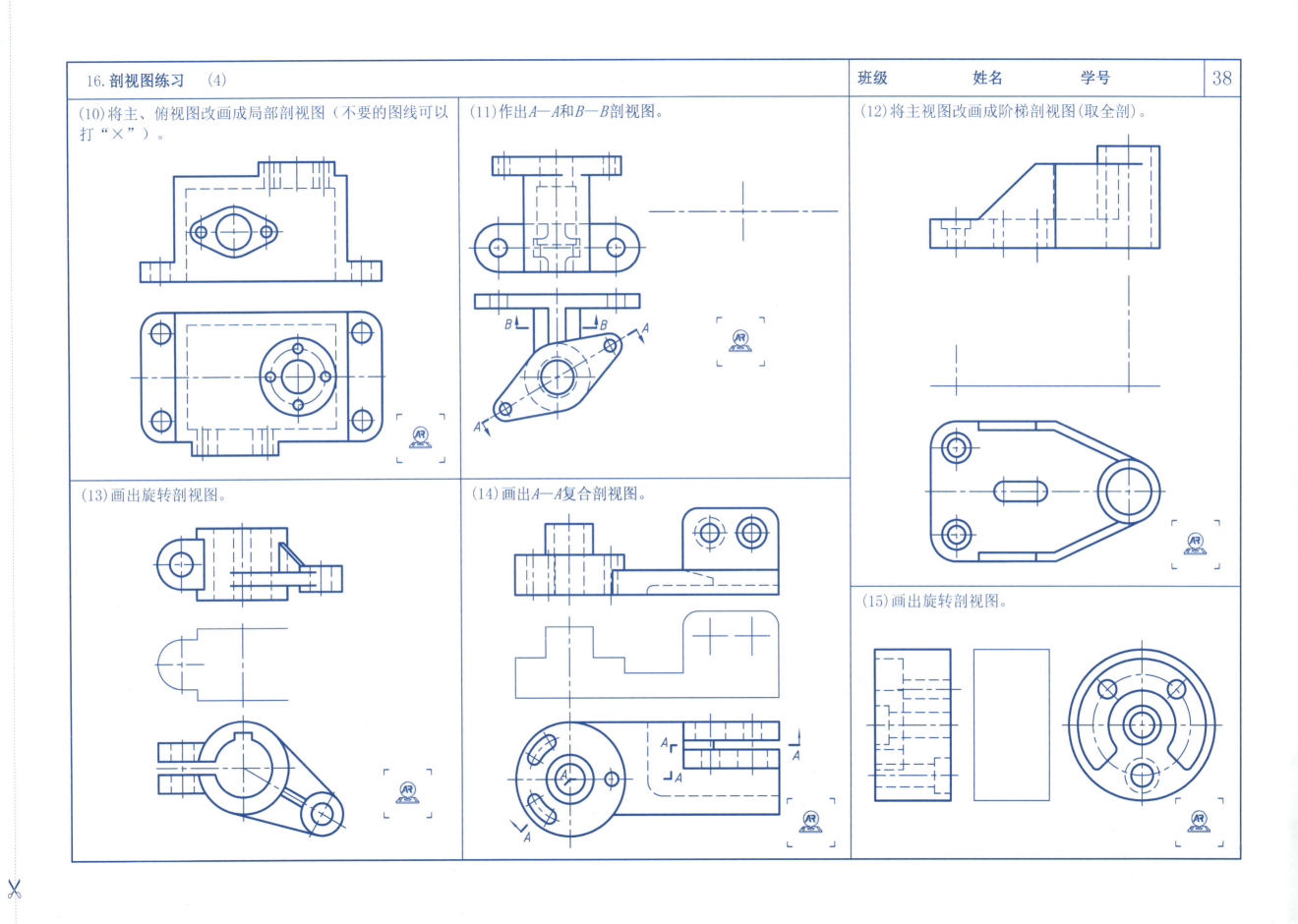

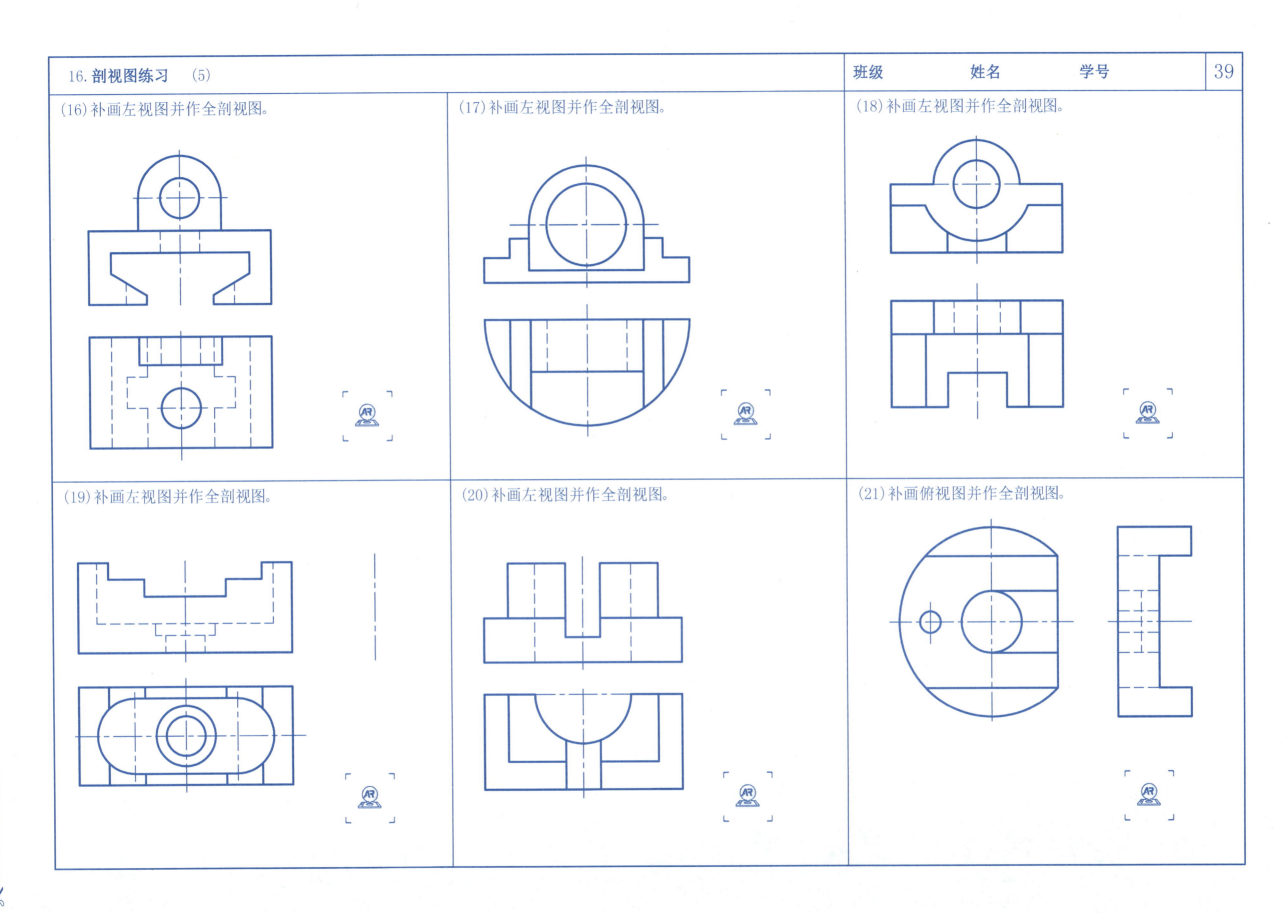

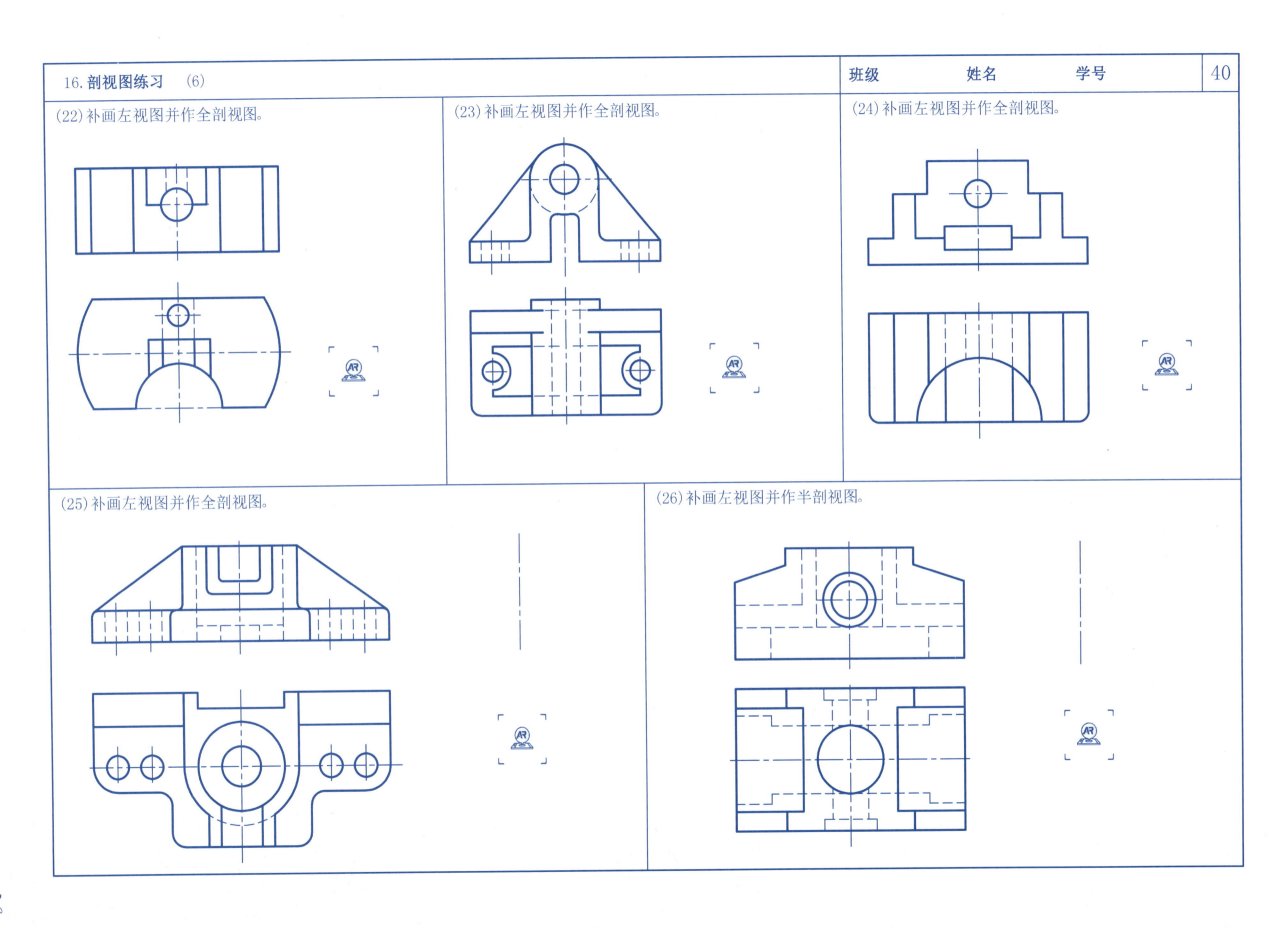

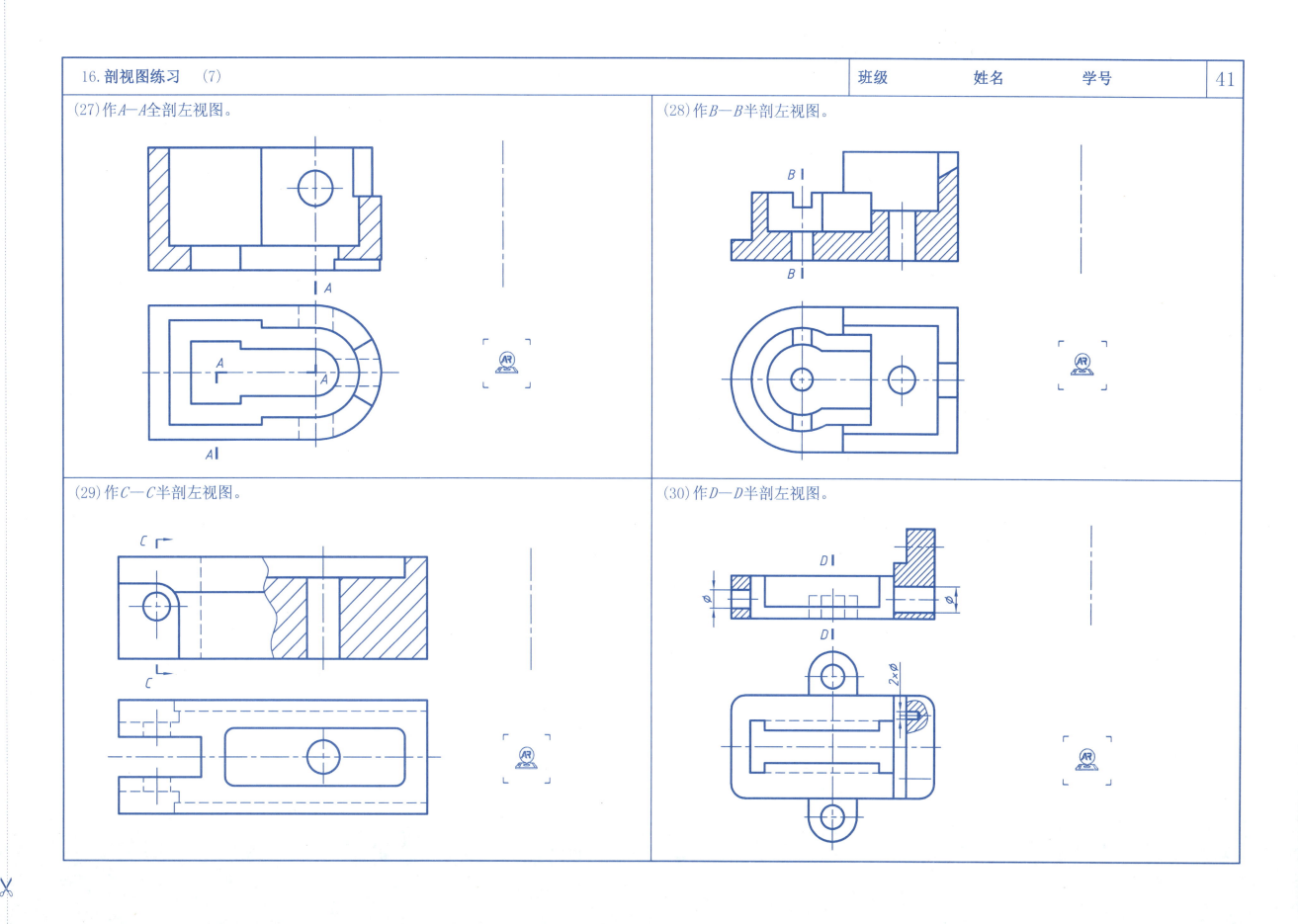

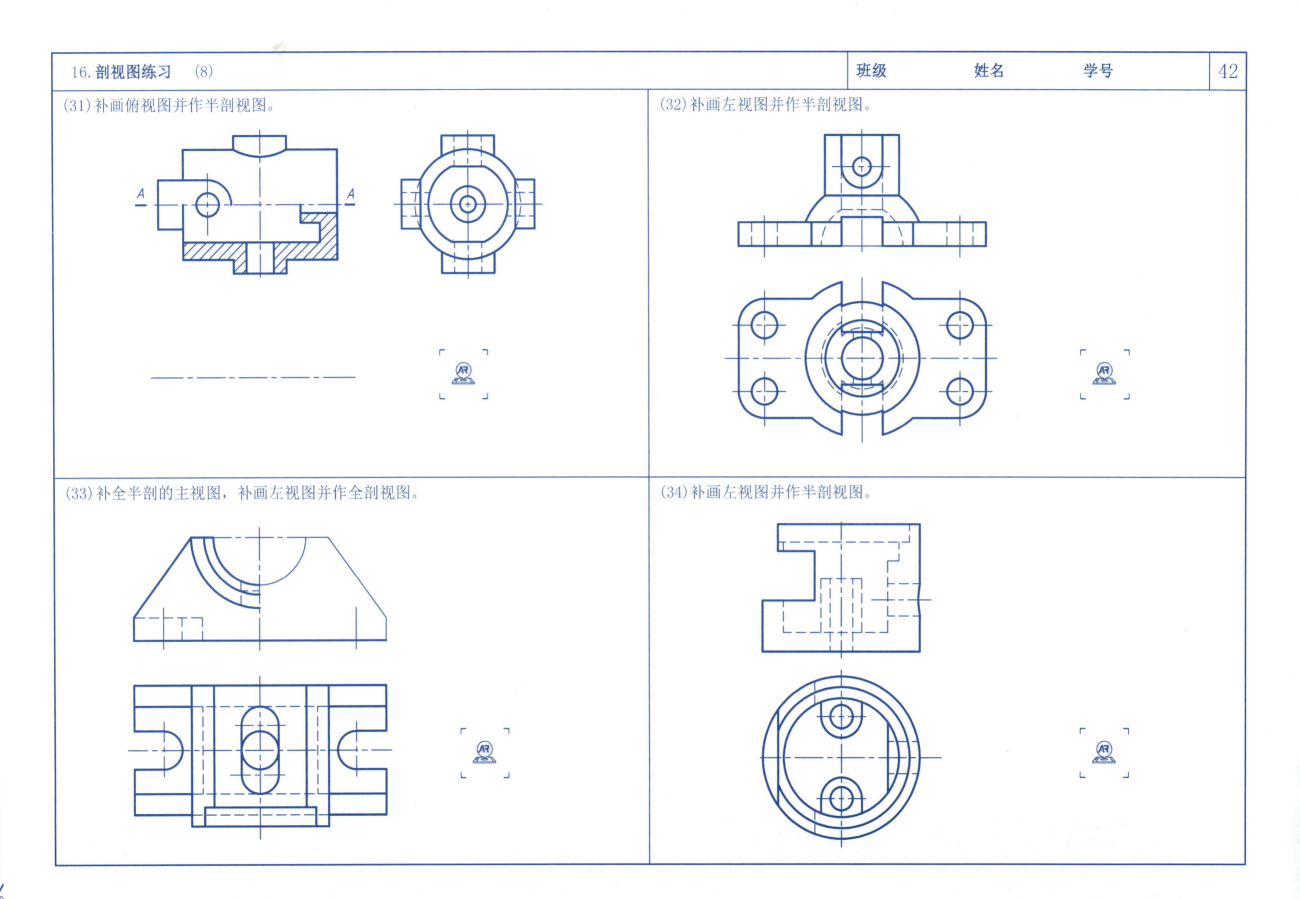

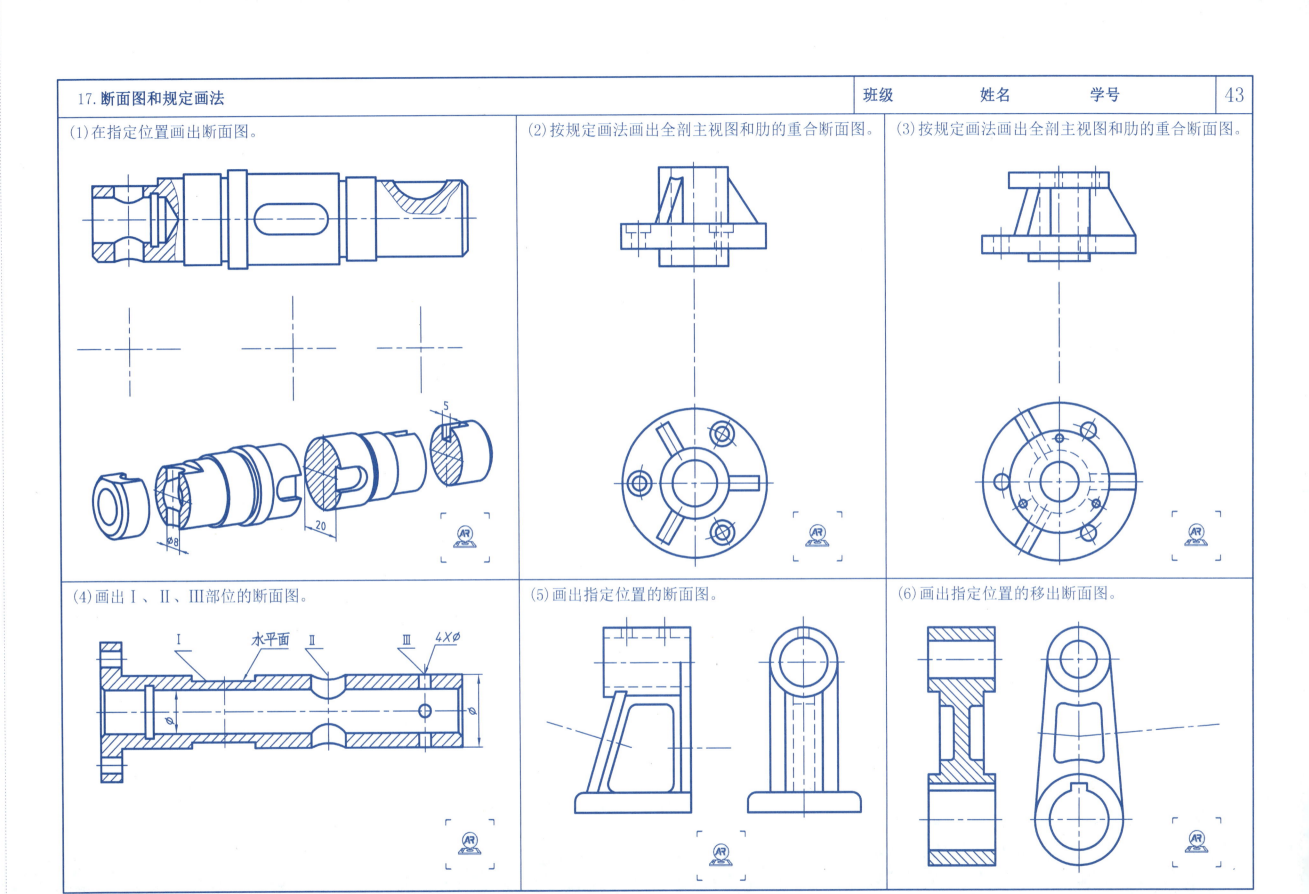

18. 剖视图尺寸标注　　标注下列剖视图尺寸（尺寸数值按1:1直接从图中量取并取整数）。

(1)

(2)

A—A

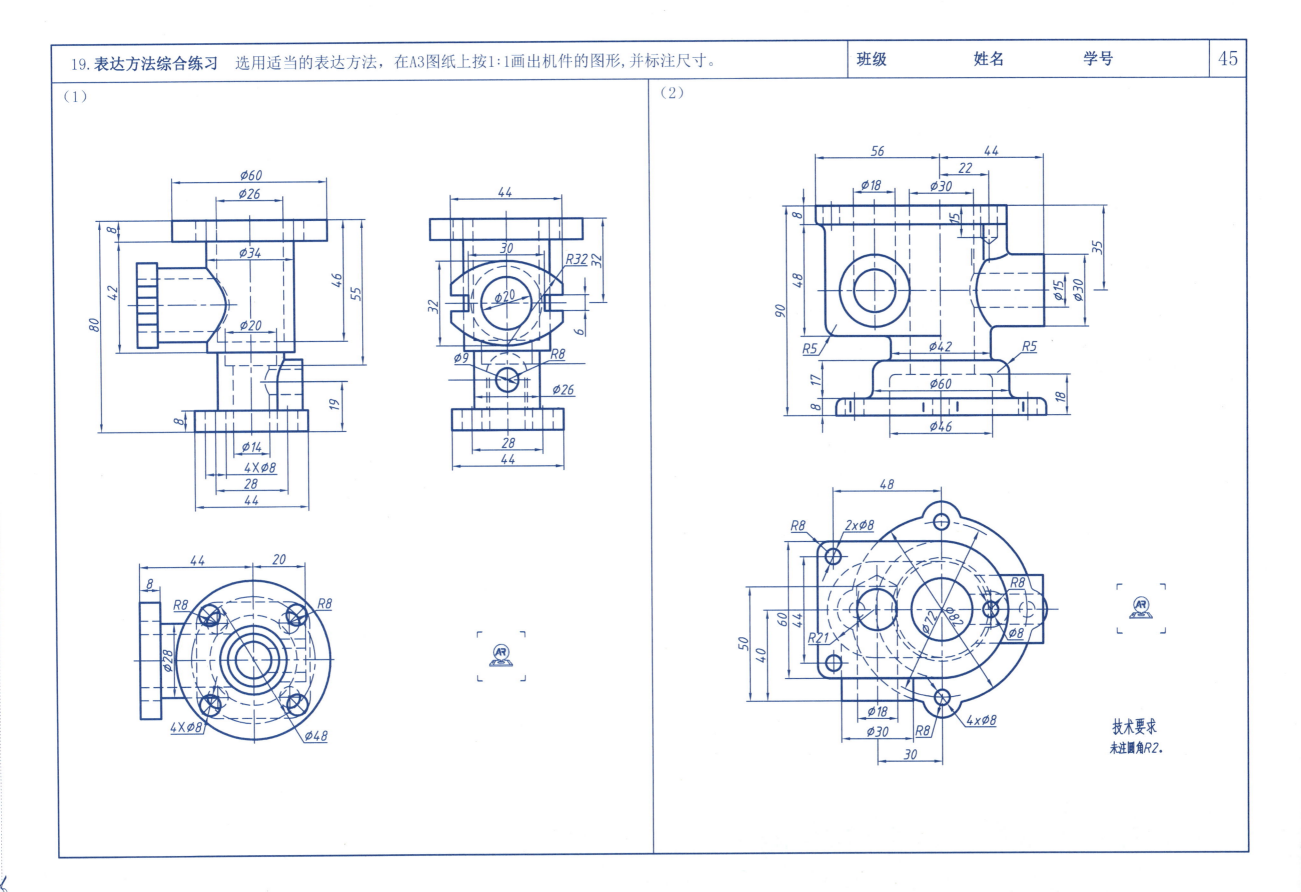

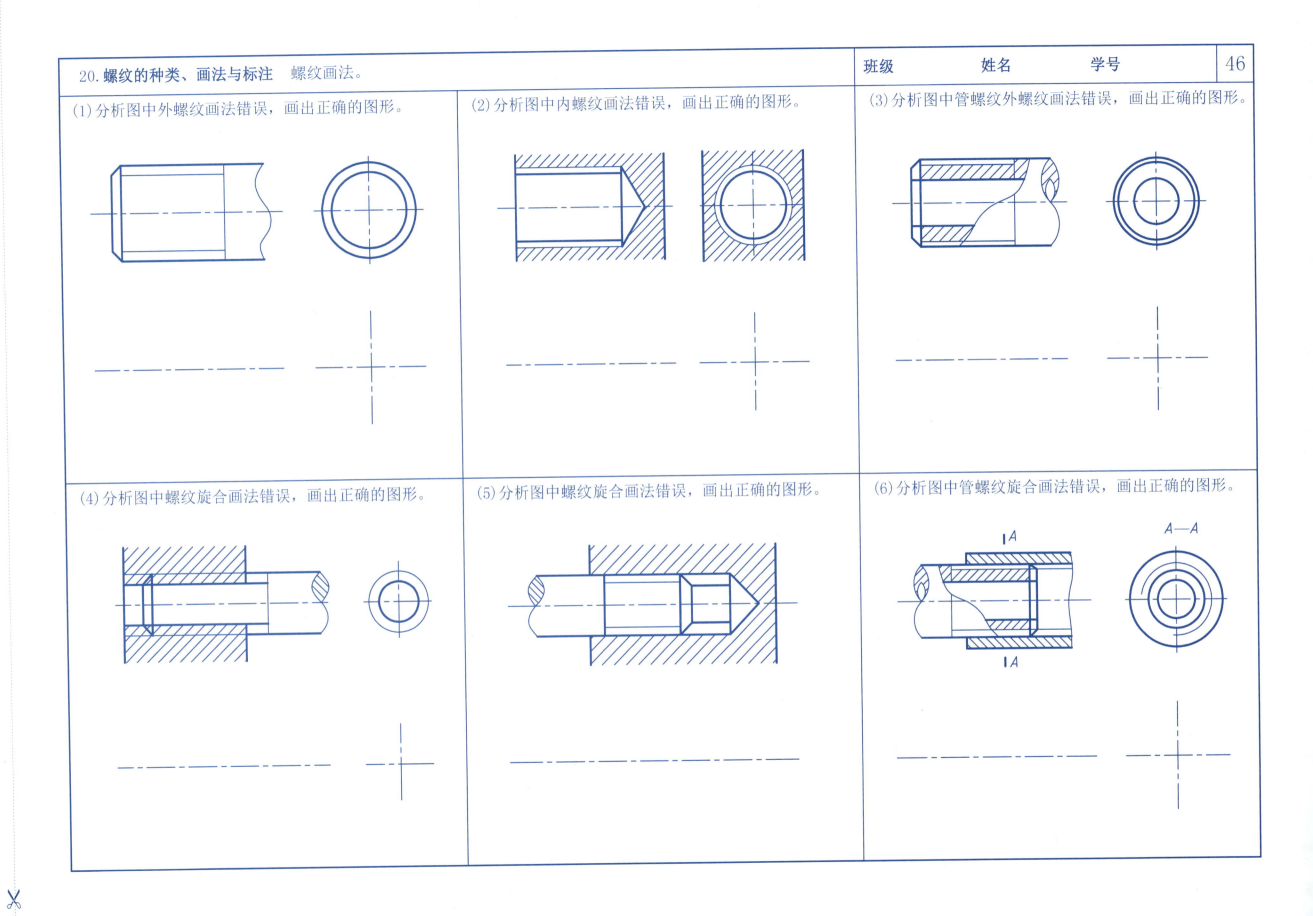

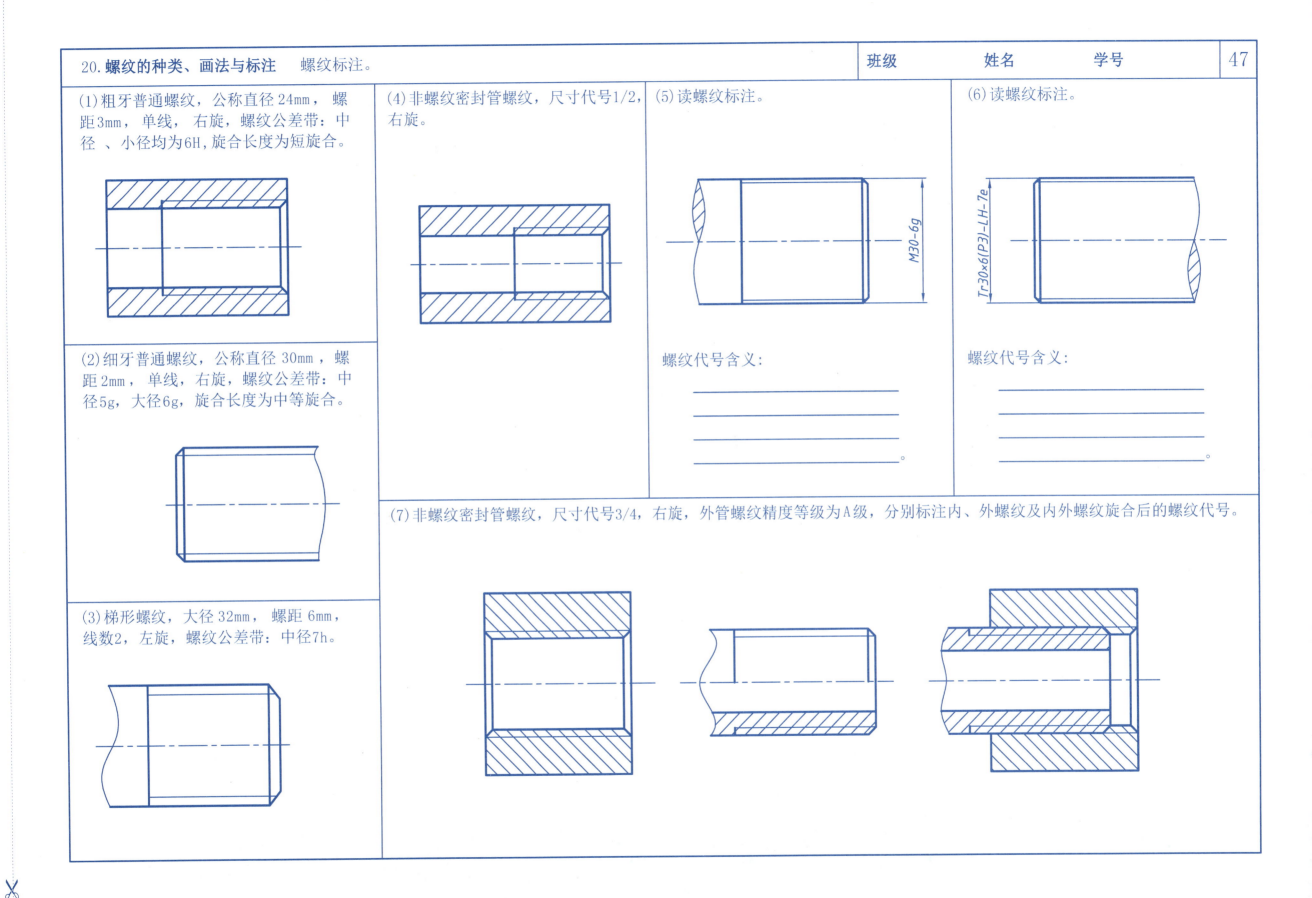

21. 螺纹紧固件的标记及画法　　螺纹紧固件查表标注及螺栓、螺钉连接画法。　　班级　　姓名　　学号　　48

(1) 查表并填写下列紧固件的尺寸。

六角头螺栓：螺栓GB/T 5782—2016 M16×65。

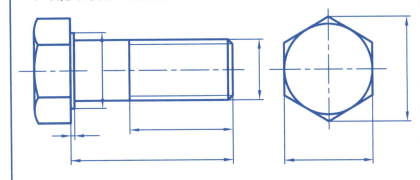

(2) 根据实际测量值，查表并填写紧固件的规格尺寸。

开槽沉头螺钉（GB/T 68—2016），测量获得螺纹端外径 $\phi7.8$，螺钉总长49.6。

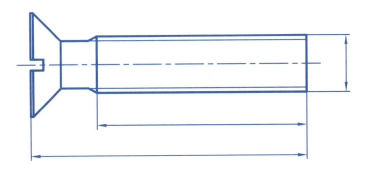

(3) 查表并填写下列紧固件的标记。

A级的I型六角螺母。

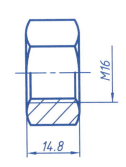 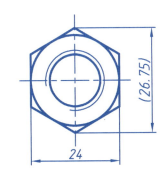

标记：

(4) 在指定位置画出正确的螺栓连接。

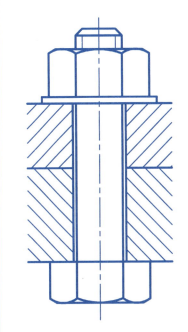

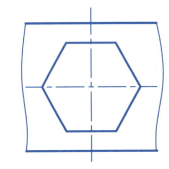 

(5) 已知螺钉GB/T 65—2016 M8×20，上面的被连接件的圆柱形沉孔深5mm，用简化画法作出连接后的主、俯视图（比例2:1）。

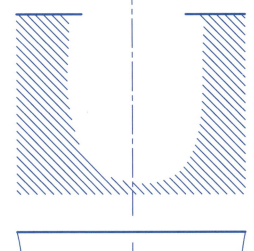

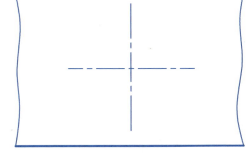

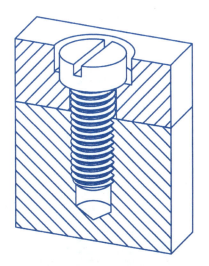

22. 键及圆柱齿轮的画法 键槽及键连接画法、齿轮及其啮合的画法。

(1) 查表，完成轴上的键槽绘制。

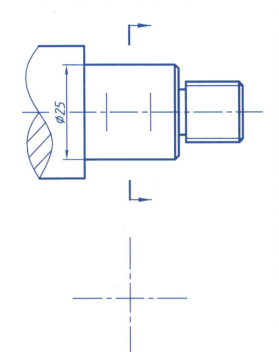

(2) 查表，完成轮毂上的键槽绘制。

填空，已知直齿圆柱齿轮模数 $m=2.5$，齿数 $z=20$，分度圆直径 $d=$ ___，齿顶圆直径 $d_a=$ ___，齿根圆直径 $d_f=$ ___。

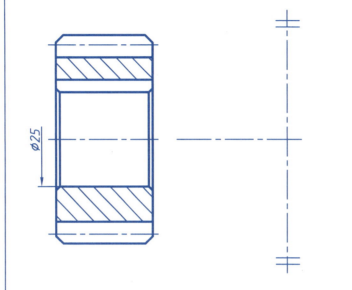

(4) 一对互相啮合的直尺圆柱齿轮，已知大齿轮 $z_1=36$，小齿轮 $z_2=18$，两齿轮中心距 $a=108$，按 1:2 比例完成两齿轮的啮合图。

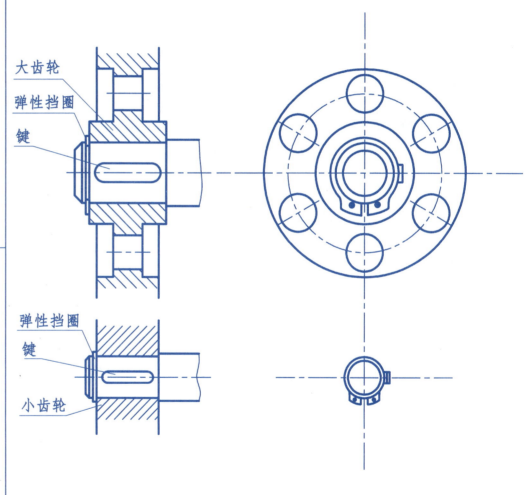

(3) 根据上面的题目内容，画出键连接的 A—A 剖视图。

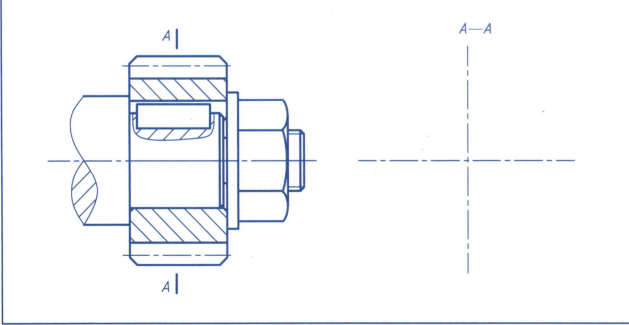

23. **弹簧的画法** 圆柱压缩弹簧画法。

(1) 已知圆柱螺旋压缩弹簧的簧丝直径 $d=5$mm，弹簧外径 $D=30$mm，节距 $t=10$mm，有效圈数 $n=4$，支承圈数 $n_2=2.5$，右旋。用2:1的比例画出弹簧的全剖视图。

(2) 下图为气门压力阀门装置，调节时用测力扳手插入六角头螺栓节部，旋动扳手调节弹簧高度，然后用螺母固紧。将受压缩后的弹簧补画在装配图内，其中弹簧簧丝直径 $d=3$mm，弹簧中径 $D=22$mm，节距 $t=10$mm，有效圈数 $n=6$，支承圈数 $n_2=2.5$，右旋。

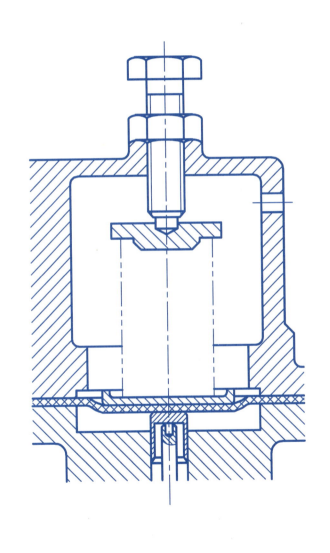

(3) 用规定画法完成轴与滚动轴承的装配视图，其中的两个滚动轴承（GB/T 276—2013）代号分别为6005和6002。

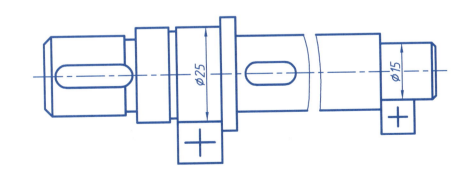

24. **零件图的技术要求** 表面结构参数标注、极限与配合。

(1) 分析图(a)表面结构参数标注的错误，在图(b)中正确标注。

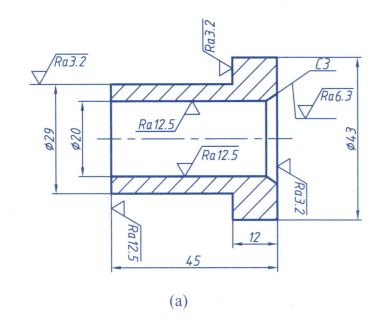
(a)

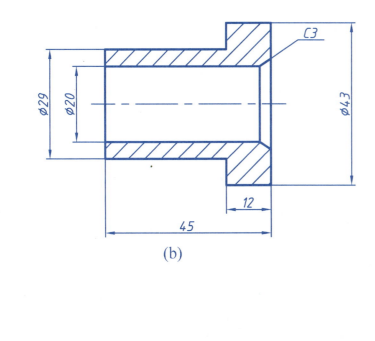
(b)

(2) 根据装配图(a)中的配合尺寸，分别在零件图(b)、(c)、(d)上标注其公称尺寸、公差带代号及极限偏差值，并填空。

F8/h7 为_____制_____配合，最大间隙_____，
　　最小间隙_____。

K8/h7 为_____制_____配合，最大过盈_____，
　　最大间隙_____。

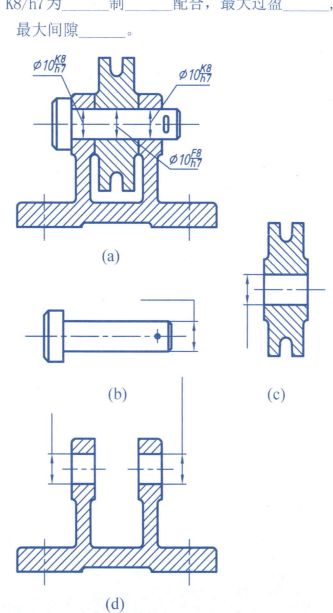

(3) 根据零件图(a)、(b)、(c)，标注装配图(d)中Ⅰ和Ⅱ的配合尺寸，并填空。

ϕ30H8：ϕ30 为_____，H 为_____，
　　　　　8 为_____。

ϕ20f6：ϕ20 为_____，f 为_____，
　　　　　6 为_____。

装配图(d)的两个配合尺寸，其中Ⅰ是_____制
_____配合，Ⅱ是_____制_____配合。

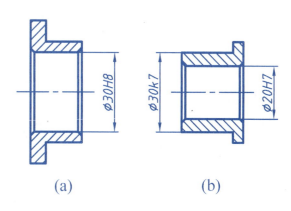
(a)　　　　(b)

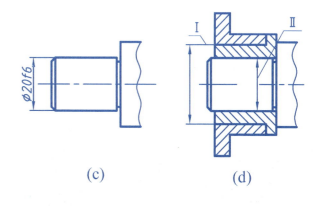
(c)　　　　(d)

24. 零件图的技术要求　　形位公差和表面粗糙度标注。

(1) 改错，将正确注法写在括号内（单位：mm）。

① $\phi 30-0.08$　　　　（　　　　　　　）

② $\phi 70\genfrac{(}{)}{0pt}{}{0.29}{0.1}$　　　　（　　　　　　　）

③ $\phi 40_{-0.055}^{+0.055}$　　　　（　　　　　　　）

④ $\phi 30_{\ 0}^{+0.021}$(H7)　　　　（　　　　　　　）

⑤ $\phi 60\dfrac{H7\ _0^{+0.03}}{f6\ _{-0.049}^{-0.03}}$　　　　（　　　　　　　）

(2) 查表，将极限偏差数值填入括号内（单位：mm）。

① $\phi 30$ H8　　　（　　　　　　）

② $\phi 60$ JS7　　　（　　　　　　）

③ $\phi 35$ m6　　　（　　　　　　）

④ $\phi 40$ js5　　　（　　　　　　）

(3) 根据代号含义，填空。

① $\phi 25$H8/f7 是＿＿＿＿制＿＿＿＿配合，最大（间隙、过盈）为＿＿＿＿，最（大、小）（间隙、过盈）为＿＿＿＿。

② $\phi 25$H7/p6 是＿＿＿＿制＿＿＿＿配合，最大（间隙、过盈）为＿＿＿＿，最（大、小）（间隙、过盈）为＿＿＿＿。

③ $\phi 25$K7/h6 是＿＿＿＿制＿＿＿＿配合，最大（间隙、过盈）为＿＿＿＿，最（大、小）（间隙、过盈）为＿＿＿＿。

(4) 按下列要求标注零件的形位公差和表面粗糙度符号。

① 基准 A 为 $\phi 80$ 内孔的轴线；
② 两键槽对基准 A 的对称度为 0.1；
③ $\phi 134$ 右端面对基准 A 的端面圆跳动公差为 0.03；
④ $\phi 120$ 圆柱表面对基准 A 的同轴度公差为 $\phi 0.02$；
⑤ 键槽工作表面粗糙度为 $Ra\,3.2\mu m$；
⑥ $\phi 150$ 圆柱表面粗糙度为 $Ra\,3.2\mu m$；
⑦ $\phi 120$ 圆柱表面粗糙度为 $Ra\,1.6\mu m$；
⑧ $\phi 80$ 内孔表面粗糙度为 $Ra\,3.2\mu m$；
⑨ 其余表面粗糙度为 $Ra\,12.5\mu m$；
⑩ 以上表面粗糙度要求皆为去除材料获得。

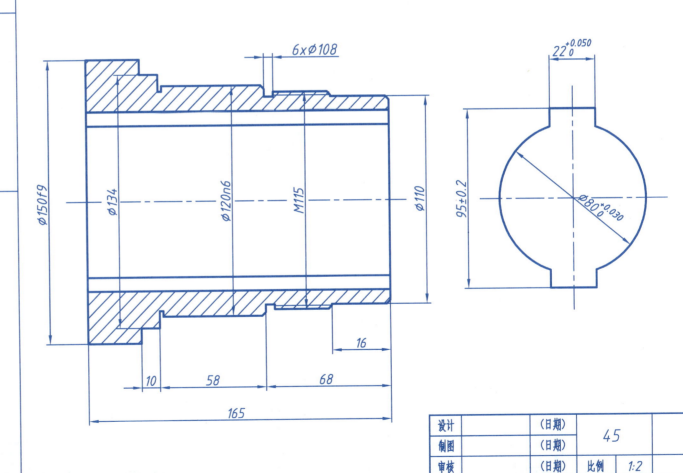

45　轴套　比例 1:2

25. 零件图读图练习   读图填空。

读图思考题。

① 该零件的名称是_____，材料是
_____，绘图比例为_____；

② 该零件各视图的表达方法：主视图采用_____
视图表达内部形状结构，俯视图和左视图采用___
___视图表达外部形状结构；

③ 长度方向60为_____尺寸，ø70为
_____尺寸；

④ 尺寸33±0.2的公差值为_____，上偏差为
_____，下偏差为_____；

⑤ 该零件的切削表面粗糙度要求最高的表面Ra
值为_____，要求最低的表面Ra值为
_____，没有标注粗糙度符号处的粗糙度为
_____；

⑥ 说明M12×1.25的含义：该螺纹是
_____，12表示_____，
M表示_____，1.25表示_____；

⑦ 说明 ⊥|ø0.1|A 的含义：相对于
_____的_____公差值为_____。

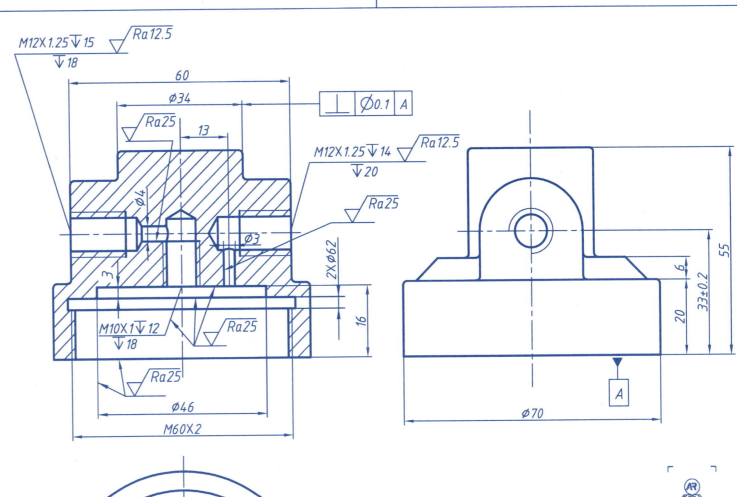

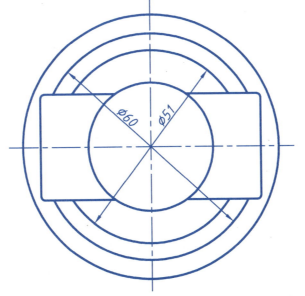

技术要求
未注圆角R2.

ZL 103   空气过滤器阀体

比例 1:1

25. 零件图读图练习　　读图填空，补画视图。(1)

(1) 读图思考题。

① 该零件共用了_____个视图表达。其中主视图作了_____，B—B是_____，另一个是_____。

② 轴上键槽的长度是_____，宽度是_____，深度是_____，其定位尺寸是_____。

③ 轴上沉孔的定位尺寸是_____，它的定形尺寸是_____，其表面粗糙度值是_____。

④ 轴上 $\phi 40h6(_{-0.016}^{0})$ 的基本尺寸是_____，上偏差是_____，下偏差是_____，最大极限尺寸是_____，最小极限尺寸是_____，公差是_____。

⑤ 图中尺寸2×1.5表示的结构是_____，其宽度为_____，深度为_____。

⑥ 解释M16-6g的含义：M表示_____，16表示_____，螺距为_____，6g表示_____。

⑦ 解释符号 ⊥ 0.025 A 的含义："⊥"表示_____，0.025表示_____，A表示_____。

(2) 补画C—C断面图。

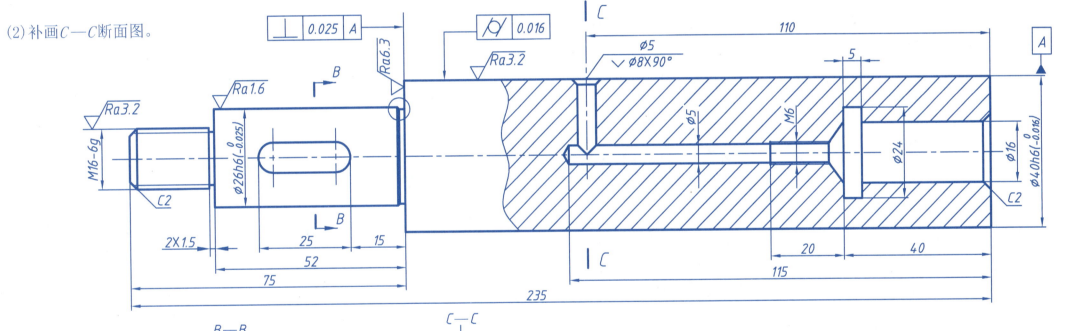

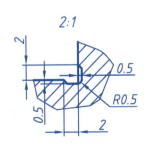

25. 零件图读图练习　　读图填空，补画视图。(2)

(3) 读图思考题。
①主视图采用_____剖视图。
②零件上共有____个槽，槽宽为_____mm，槽深为_____mm。
③零件上6×φ7光孔的定位尺寸为_____。
④4×M5-7H 螺纹的定位尺寸为_____。
⑤零件上表面I的粗糙度为_____，标注φ94h6表面的粗糙度值为_____。

(4) 画出B向视图（虚线省略不画）。

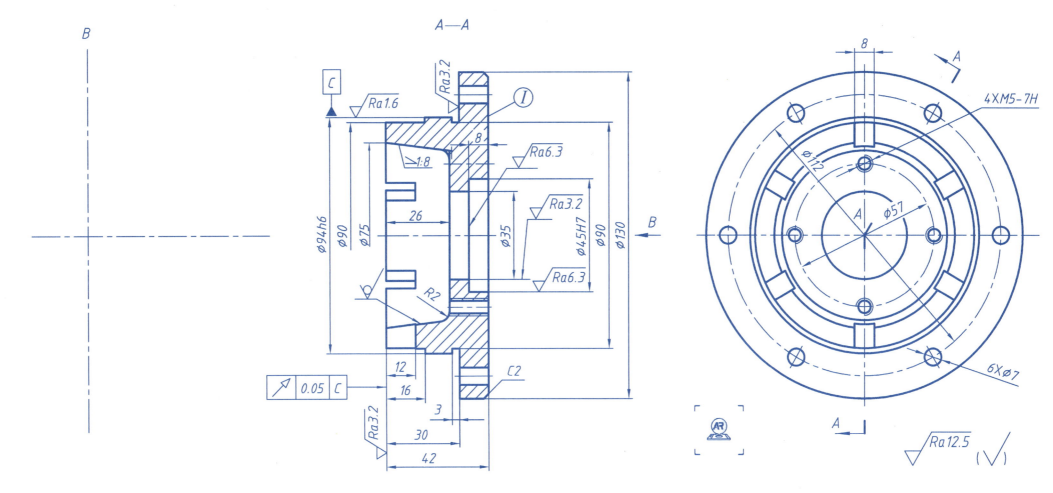

技术要求
铸件不得有沙眼、裂纹等缺陷。

HT200　端盖
比例 1:1.5

25. 零件图读图练习　　读图填空，补画视图。(3)

(5) 读图思考题。

① 该零件属_____类零件，其材料的牌号为_____，零件名称为_____。

② 说明符号"4×⌀6.5⌵⌀10▼6"的含义：_____。

(6) 在下面指定位置画出E—E剖视图。

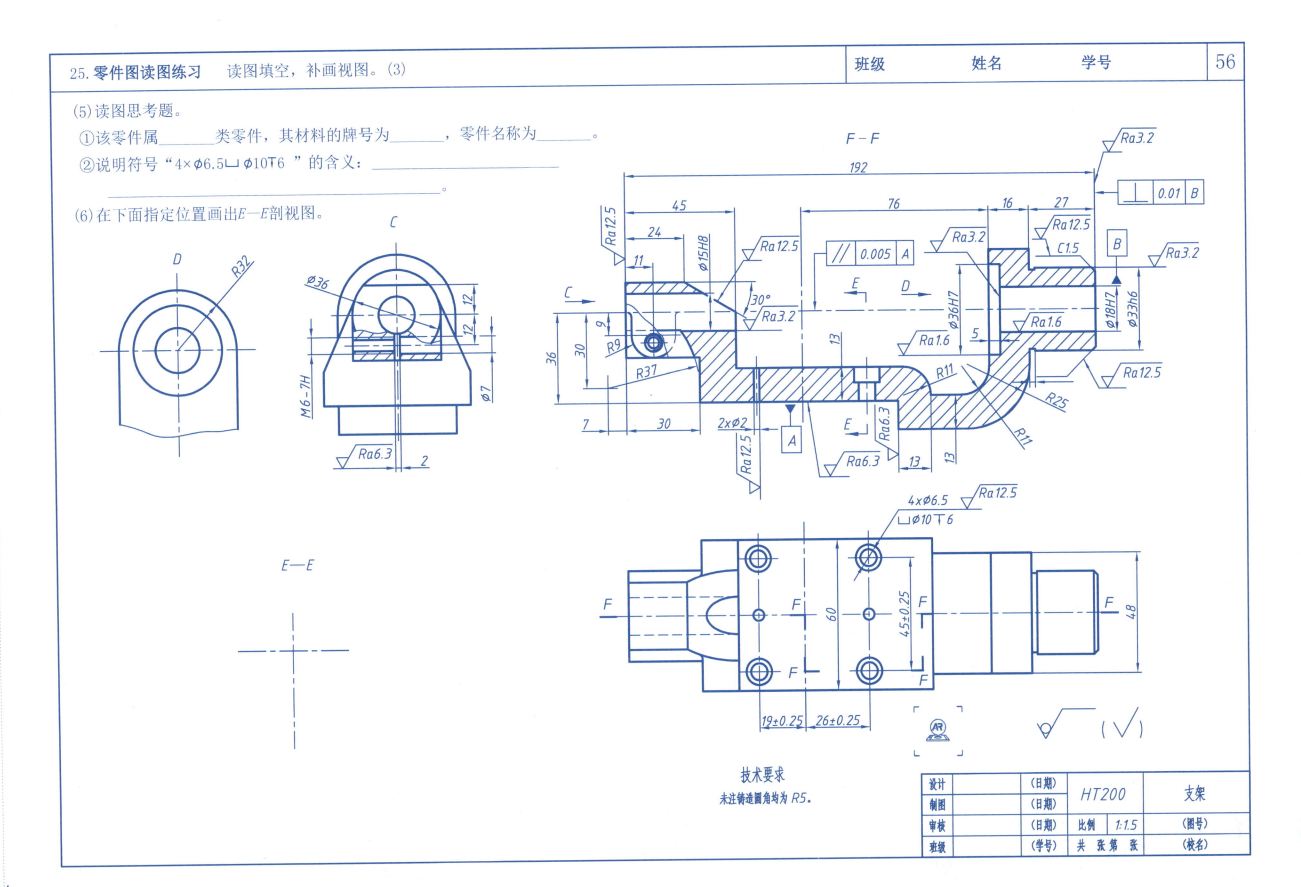

25. 零件图读图练习　　读图填空，补画视图。(4)

(7) 读图思考题。
① C—C为_____图，绘图比例为_____，其余三个视图的绘图比例为_____。
② 零件上 φ6 的孔共有_____个，它们的定位尺寸分别是_____。
③ 零件底面的表面粗糙度为_____，零件内腔表面的表面粗糙度为_____。

(8) 在指定位置画出底座零件的主视图外形图。

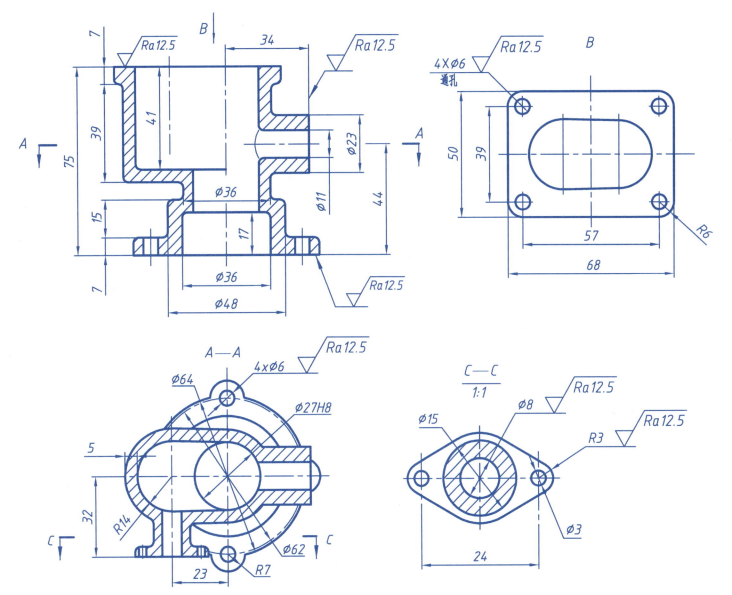
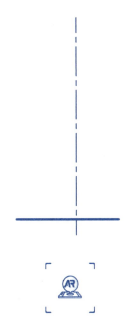

技术要求
1. 未注铸件圆角R2；
2. 铸件不得有裂纹、砂眼等缺陷。

HT150　底座　比例 1:1.5

25. **零件图读图练习** 读图填空，补画视图。（5）

(9) 读图思考题。

① 主视图中Ⅰ所指的图形采用的表达方法是_____。

② 该零件机加工表面粗糙度要求最高的是_____，最低的是_____。

③ G1/2中的G是_____，1/2是_____。

④ 形位公差 ⌾ $\phi0.02$ A 的含义：被测要素是_____，基准要素是_____，检验项目是_____，公差值是_____。

⑤ 尺寸 $\phi42H7(^{+0.025}_{0})$，$\phi42$是_____，H是_____，7是_____。

⑥ 在图中用X、Y、Z注出长度、宽度、高度方向的主要基准。

(10) 在指定位置画出零件的C—C全剖视图。

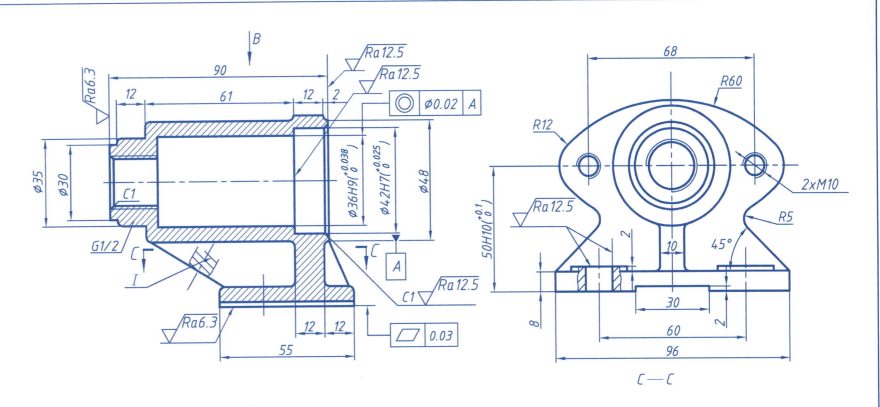
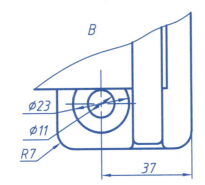

技术要求
1. 未注圆角R2~R3；
2. 铸件应进行时效处理。

设计		(日期)	HT200	泵体
制图		(日期)		
审核		(日期)	比例	1:1.5	(图号)
班级		(学号)	共 张 第 张	(校名)

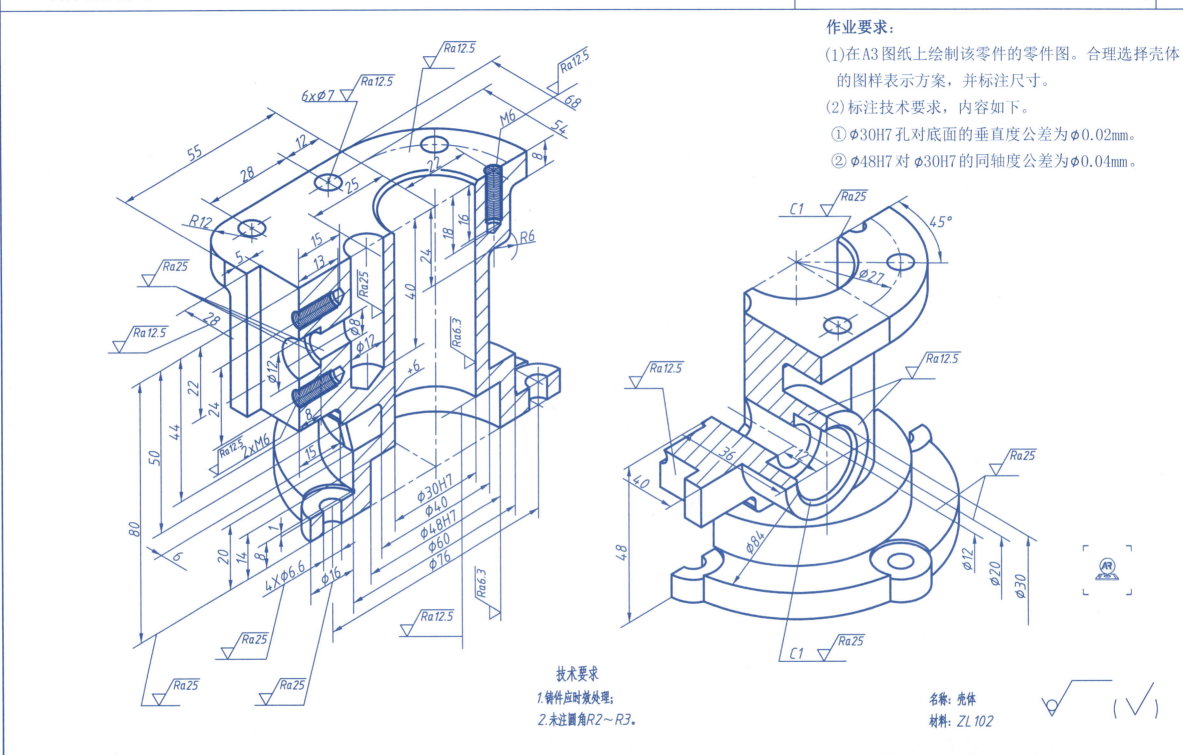

27. 综合练习 （1）

(1) 螺纹标注：梯形螺纹，大径30mm，螺距6mm，线数2，左旋，螺纹公差带为中径7h。

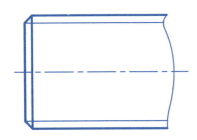

(2) 分析螺柱连接画法中的错误，并画出正确的图形（螺母采用简化画法）。

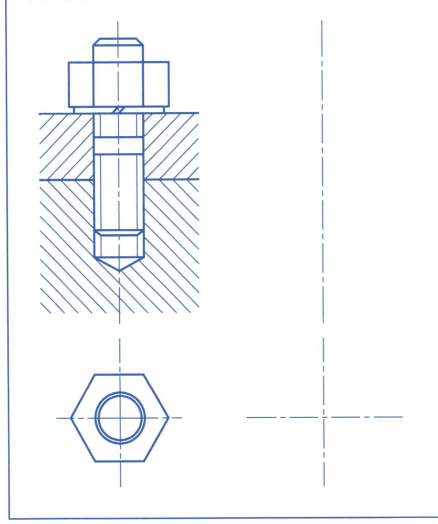

(3) 读零件图，并完成下列各题。

①该零件属于＿＿＿＿类零件，零件名称是＿＿＿＿，材料牌号是＿＿＿＿；

②$\phi 16_{-0.034}^{-0.016}$ 的尺寸公差是＿＿＿，上偏差是＿＿＿，下偏差是＿＿＿，公称尺寸是＿＿＿；

③该零件共有＿＿（数字）处螺纹，写出螺孔的尺寸并解释其含义＿＿＿＿＿＿；

④孔 4×$\phi 8$ 与 $\phi 4$ 的定位尺寸分别是＿＿＿＿＿；

⑤补画C向视图(仅画外形可见部分)，大小从原图直接量取。

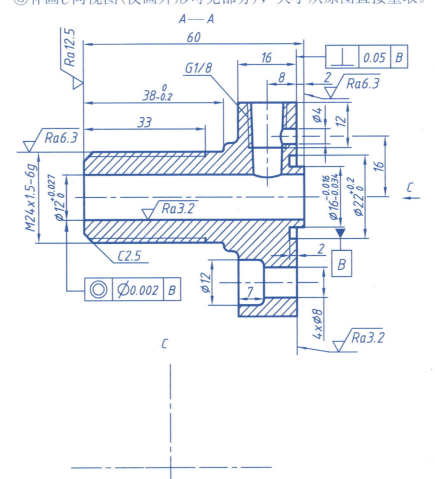
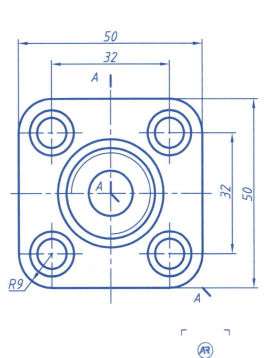

技术要求
1. 未注圆角为R1.5；
2. 锐边倒钝。

HT150　管接头　比例 1:1.5

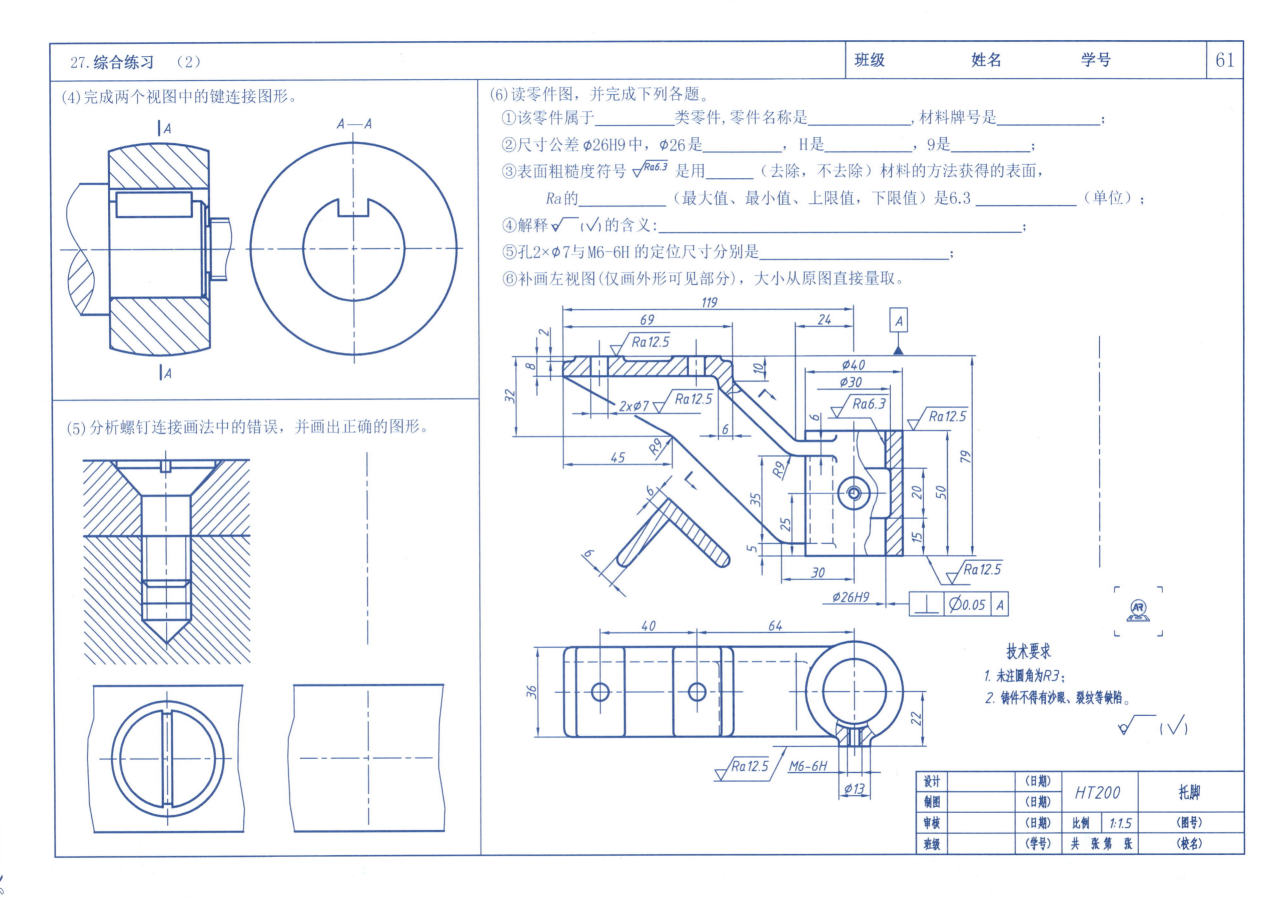

28. 画装配图 根据零件图拼画装配图。(1)

根据定位器装配示意图和零件图，拼画完成装配图，完成标注和明细栏填写。

定位器工作原理：

定位器安装在仪器的机箱内壁上。工作时定位轴1的一端插入被固定零件的孔中，当该零件需要变换位置时，应拉动把手6，将定位器从该零件的孔中拉出，松开把手后，弹簧4使定位轴恢复原位。

定位器装配示意图

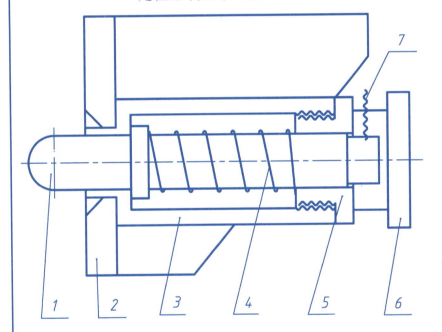

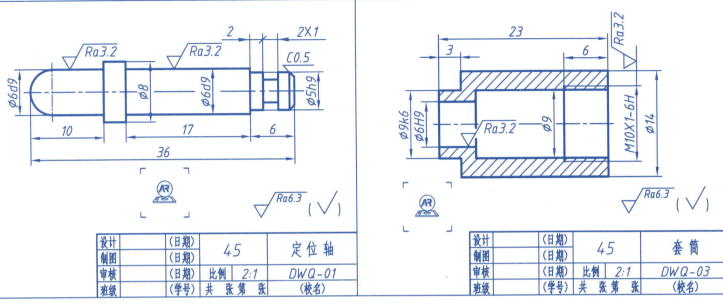

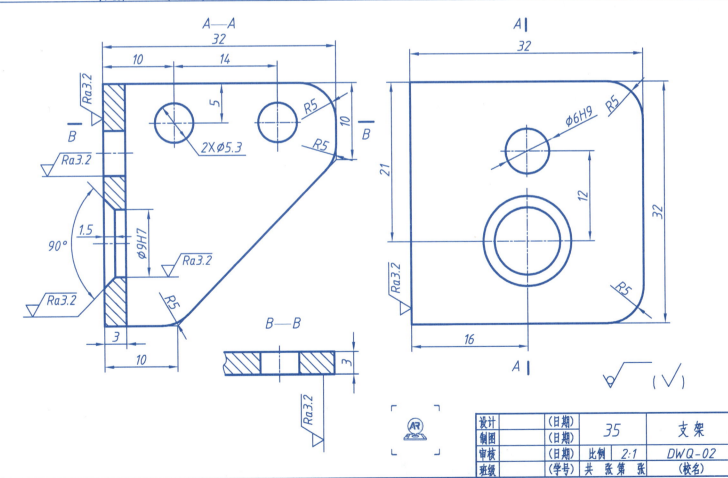

序号	名称	材料	数量	备注
7	紧定螺钉M2.5×4	Q235	1	GB/T 75—2018
6	把手	塑料	1	
5	盖	15	1	
4	弹簧	50	1	
3	套筒	45	1	
2	支架	35	1	
1	定位轴	45	1	

28. 画装配图　根据零件图拼画装配图。（2）

(1) 根据定位器装配示意图和零件图，将定位轴零件、弹簧零件和紧定螺钉拼画到下面的图中，完成定位器的装配图，并完成该装配图的零件序号标注、尺寸标注和明细栏填写。

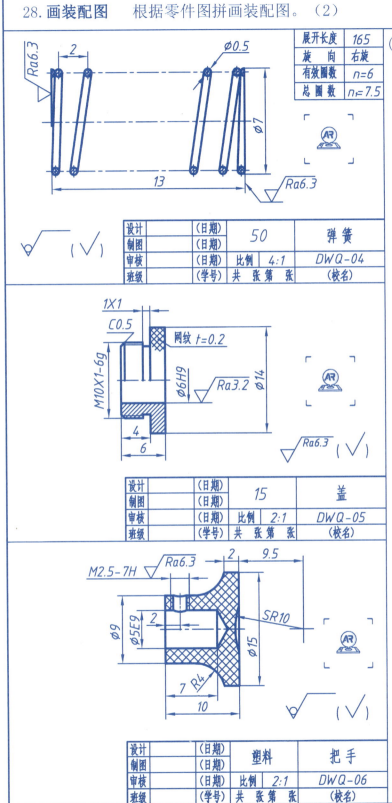

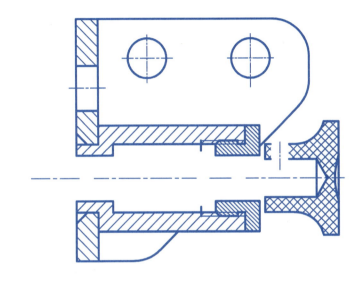

7					
6					
5					
4					
3					
2					
1					
序号	代号	名　称	数量	材料	备注
设计	(日期)	(材料)		定位器	
制图	(日期)				
审核	(日期)	比例 2:1		DWQ-00	
班级	(学号)	共 张 第 张		(校名)	

29. 读装配图　芯柱机组件

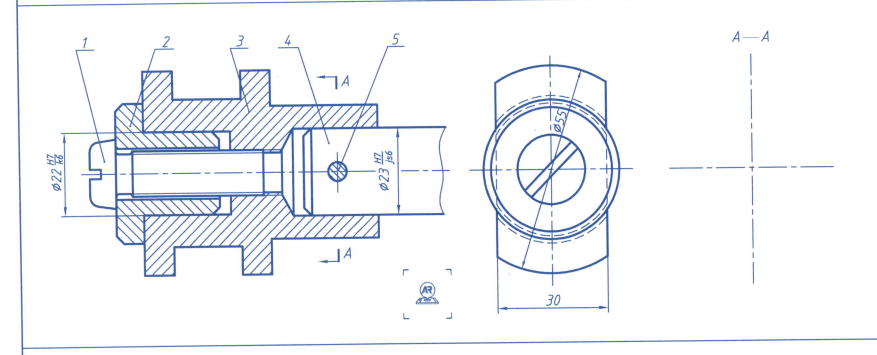

(1) 读芯柱机组件装配图，回答下列问题。

① 本装配图由_____个视图组成，其中主视图采用_____，左视图采用_____。

② 该装配体共有____种零件，其中3号卡头体的材料是_____。

③ 1号件与3号件用_____螺纹连接，其尺寸代号为_____。

④ 配合代号 $\phi22\frac{H7}{k6}$ 的基准制是基____制，基准件是_____，其中孔的公差带代号为_____，轴的公差带代号为_____。

(2) 看芯柱机组件装配图，并补画装配图 A—A 剖视图。

(3) 拆画卡头体3的零件图，填写标题栏，并完成尺寸标注（表面粗糙度代号等技术要求内容均省略）。

29. 读装配图　阀

(1) 读"阀"装配图，拆画序号3"阀体"的零件图，并标注装配图中已标出的尺寸。

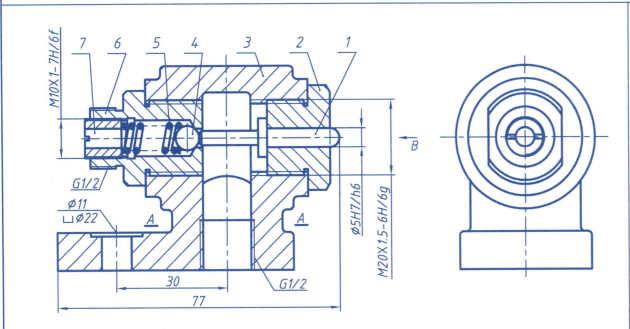

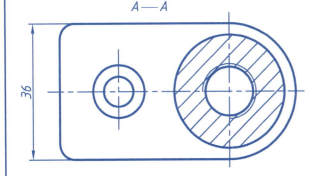

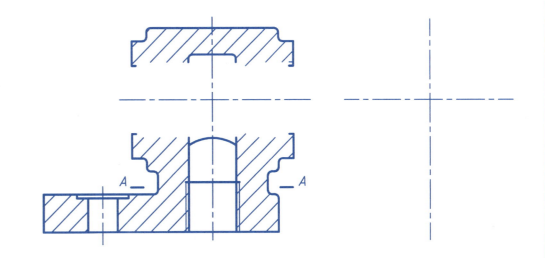

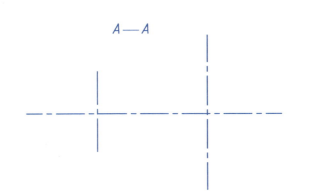

工作原理：

阀安装在管道系统中，用以控制管的"通"或"不通"，当推杆1受外力作用向左移动时，钢珠4压缩压簧5，阀门被打开；当去掉外力时，钢珠在弹簧力的作用下，将阀门关闭。

7	FA-07	旋塞	1	35	
6	FA-06	管接头	1	35	
5	FA-05	压簧	1	65	
4	FA-04	钢珠	1	45	
3	FA-03	阀体	1	HT250	
2	FA-02	塞子	1	35	
1	FA-01	推杆	1	35	
序号	代号	名称	数量	材料	备注

29. 读装配图　钻模(1)

工作原理：

　　钻模是用于钻孔加工的夹具。把工件放在底座1上，装上钻模板2，钻模板通过圆柱销8定位后，再放置开口垫圈5，并用特制螺母6压紧。钻头通过钻套3的内孔，准确地在工件上钻孔。

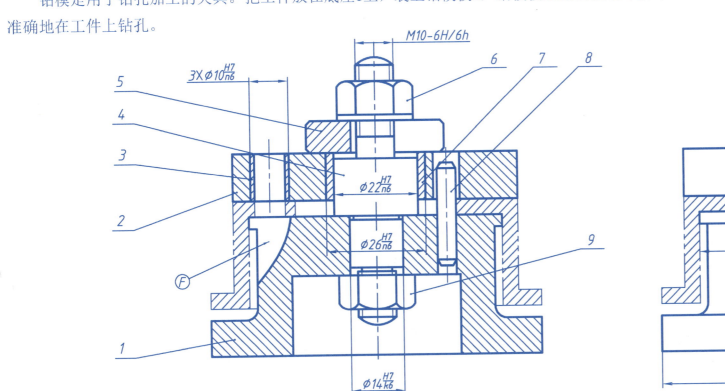
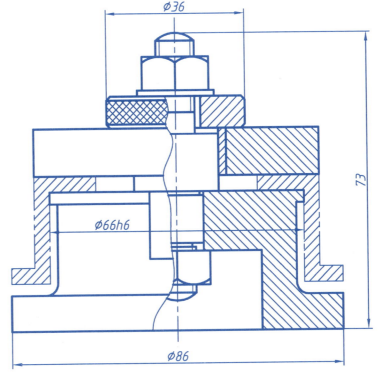
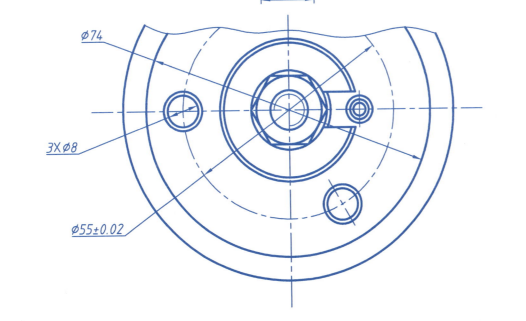

9	GB/T6170-2015	六角螺母	1	35
8	GB/T119.1-2000	销A5×26	1	35
7	ZM-07	钻套	1	45
6	ZM-06	特制螺母	1	35
5	ZM-05	开口垫圈	1	40
4	ZM-04	轴	1	35
3	ZM-03	钻套	1	35
2	ZM-02	钻模板	1	40
1	ZM-01	底座	1	HT200
序号	代号	名称	数量	材料	备注

设计	(日期)	钻模
制图	(日期)	
审核	(日期)	比例 1:1　ZM-00
班级	(学号)	共 张 第 张　(校名)

29. 读装配图　　钻模(2)

(1) 回答下列问题。

①在主、左视图中，有用双点画线画的图形，这属于装配图的_____画法，画的是_____。

②图中F所指的是_____的投影，其作用是_____。

③零件4与零件7的配合属于_____配合；零件3与零件7的作用是_____。

④图中尺寸φ86和73属于装配图的_____尺寸。

⑤钻模上加工的工件共钻___个孔，孔的直径是_____；若要取下工件，请按拆卸的顺序依次写出零件序号：_____。

(2) 读装配图拆画零件。

①拆画1号零件(底座)，标注出装配图已标注的尺寸和已指定的尺寸，并填写标题栏。

②在左下方空白处画出2号零件的俯视图（尺寸从装配图中量取）。

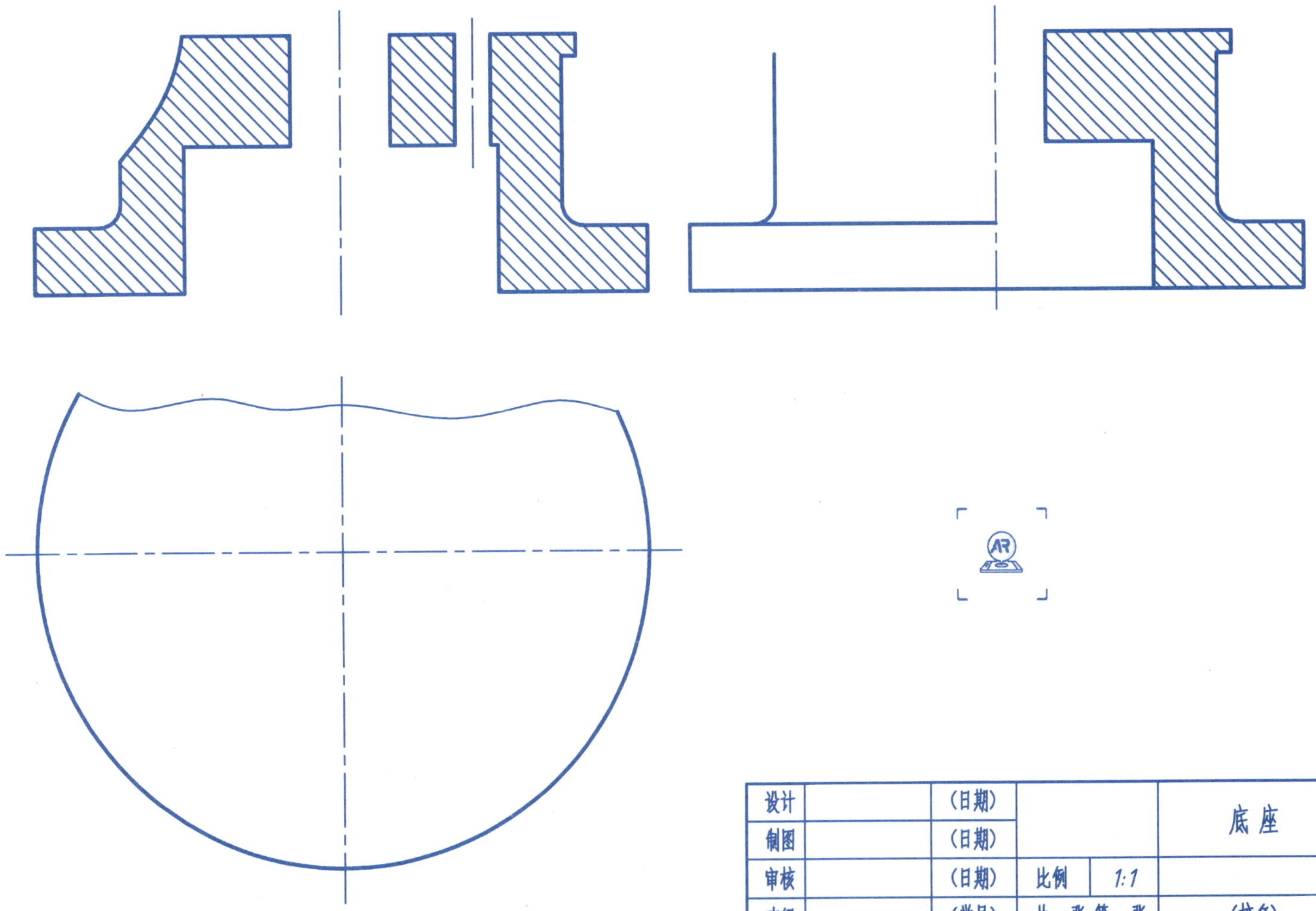

设计		(日期)		底座	
制图		(日期)			
审核		(日期)	比例	1:1	
班级		(学号)	共 张 第 张		(校名)

29. 读装配图　机用虎钳 (1)

工作原理：

　　机械加工中，虎钳是较为常见的装夹工具，分机用和手用两种。利用两钳口作定位基准，靠丝杠螺母传送机械力以锁紧加工工件。用扳手转动螺杆4旋转，螺母块(序号6)带动活动钳身(序号7)左右移动，使护口板(序号8)闭合或打开，从而夹紧或松开工件。

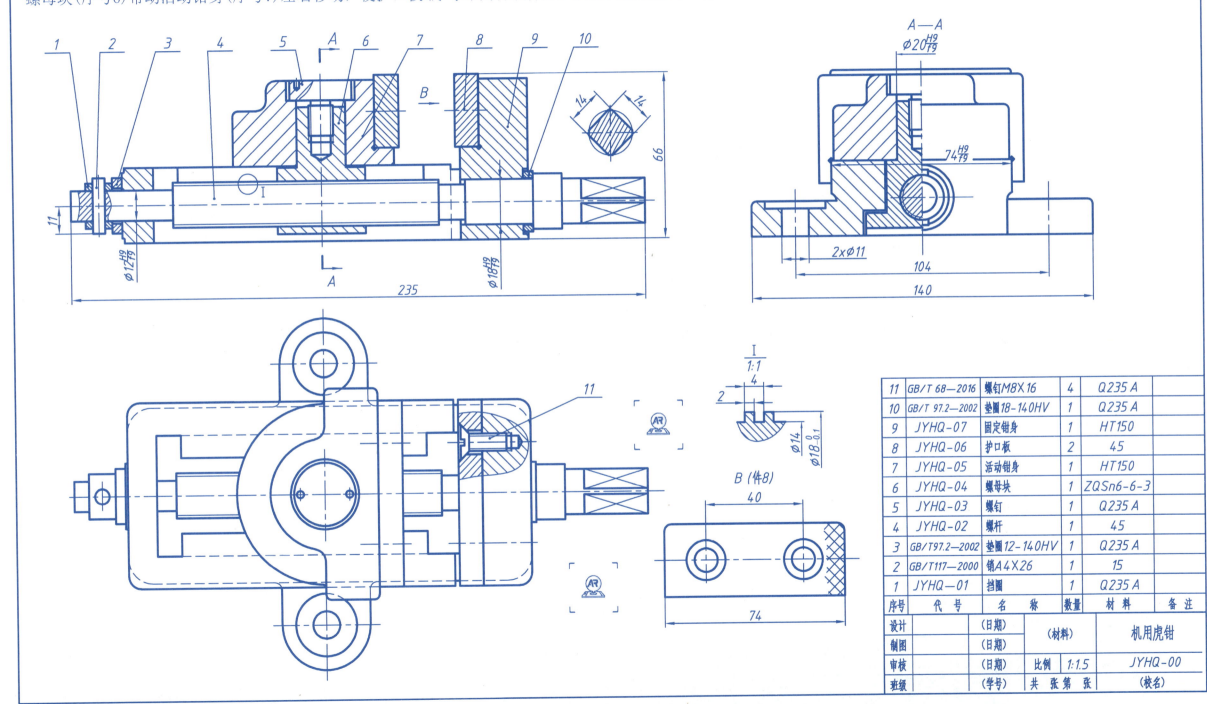

29. 读装配图　机用虎钳(2)　　　　班级　　姓名　　学号　69

(1) 读装配图回答问题。

① 活动钳身（序号7）靠_____带动运动，它与螺母块（序号6）通过_____来固定；螺杆（序号4）与挡圈（序号1）通过_____连接，它们采用的是_____连接。

② 螺钉（序号5）上的两个小孔的作用是：_____。

③ $\phi 18 \frac{H9}{f9}$ 是序号____与序号____两个零件的配合尺寸，该尺寸是属于基_____制的_____配合。

④ 序号4零件的螺纹牙型是_____，大径是_____，小径是_____。

⑤ 简述此装配体的拆装顺序？

(2) 拆画螺母块6、活动钳身7、固定钳身9零件图，标注装配图中已标出或已指定的尺寸，并填写标题栏。

设计	(日期)		螺母块
制图	(日期)		
审核	(日期)	比例 1:1.5	
班级	(学号)	共 张 第 张	(校名)

设计	(日期)		活动钳身
制图	(日期)		
审核	(日期)	比例 1:1.5	
班级	(学号)	共 张 第 张	(校名)

29. 读装配图　机用虎钳(3)　　　　　　　班级　　姓名　　学号　　70

设计	(日期)		固定钳身
制图	(日期)		
审核	(日期)	比例 1:1.5	
班级	(学号)	共 张 第 张	(校名)

29. 读装配图　机油泵(1)

工作原理：
　　在泵体(序号2)内装有一对啮合齿轮（序号3和6），主动齿轮3用销5固定在主动轴1上，从动齿轮6活套在从动轴7上。由俯视图看，当主动齿轮逆时针旋转时，机油从油泵底(下)部的φ10孔吸入，经管接头17压出；若输出管道中发生堵塞，则进油口压力升高，当压力超过弹簧14设定值时，高压油推开球15流向低压区泄压，从而保护机油泵的正常工作。

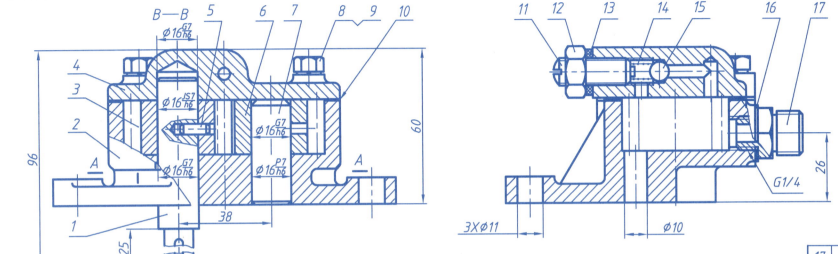

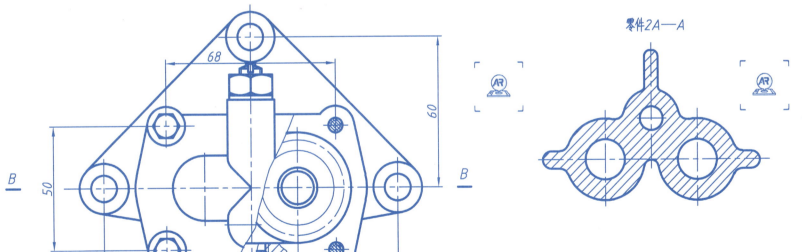

零件2 A—A

技术要求
1. 泵体、泵盖和齿轮端面间隙单向为 0.2～0.3mm，由垫片调整；
2. 转动主动轴时无咬住现象。

17	JYB-13	管接头	1	H62
16	JYB-12	垫片	1	皮革
15	JYB-11	球	1	GCr6
14	JYB-10	弹簧	1	65Mn
13	JYB-09	垫圈	1	Q235A
12	GB/T 6171-2016	螺母M10x1	1	Q235A
11	JYB-08	螺钉M10x1x30	1	35
10	JYB-07	垫片	1	橡胶
9	GB/T 93-1987	垫5	4	65Mn
8	GB/T 5781-2016	螺栓M5x25	4	Q235A
7	JYB-06	从动轴	1	45
6	JYB-05	从动齿轮	1	45
5	GB/T 119.2-2000	销A3x12	1	35
4	JYB-04	泵盖	1	HT150
3	JYB-03	主动齿轮	1	45
2	JYB-02	泵体	1	HT150
1	JYB-01	主动轴	1	45
序号	代号	名称	数量	材料　备注

机油泵　比例 1:1.5　JYB-00

29. 读装配图　机油泵(2)　　　　班级　　姓名　　学号　72

(1) 读装配图并回答问题。

① 机油泵的主视图主要表达机油泵的_____；俯视图的_____平面是沿着序号____和序号____两零件之间的_____面剖切后画出的，主要是表达机油泵的_____；序号2零件A—A断面图主要表达机油泵的_____，是属于装配图的_____表达方法。

② $\phi 16 \dfrac{P7}{h7}$ 是基____制_____配合，基准件是_____；孔的上偏差是_____mm，下偏差是_____mm，公差是_____mm。轴的上偏差是____mm，下偏差是_____mm，公差是_____mm。配合的极限偏差最大_____是_____mm，最大_____是_____mm。

③ 说明主动齿轮3的拆卸步骤。

④ 说明从动齿轮6应如何装入泵体。

(2) 拆画零件。

拆画主动轴1、泵体2、主动齿轮3和泵盖4的零件图，标注装配图中已标出或已指定的尺寸，并填写标题栏。

设计		(日期)			泵体
制图		(日期)			
审核		(日期)	比例	1:1.5	
班级		(学号)	共 张第 张	(校名)	

29. 读装配图　机油泵(3)　　　　　　　班级　　　姓名　　　学号　　73

设计		(日期)		主动轴
制图		(日期)		
审核		(日期)	比例	1:1.5
班级		(学号)	共　张　第　张	(校名)

设计		(日期)		主动齿轮
制图		(日期)		
审核		(日期)	比例	1:1.5
班级		(学号)	共　张　第　张	(校名)

设计		(日期)		泵　盖
制图		(日期)		
审核		(日期)	比例	1:1.5
班级		(学号)	共　张　第　张	(校名)

29. 读装配图　攻丝夹具(1)

工作原理：

攻丝夹具用于在攻丝机上装卡圆锥体形工件（图中用双点画线表示），并利用丝锥加工内螺纹。夹具体1的底板左右两侧凹槽，可用螺栓将夹具固定在攻丝机的工作台上。

图中所示位置是夹具夹紧工件的状态。转动手柄15可带动螺母11转动，由于夹具体上凹槽的限制，螺母只能转动而不能作轴向移动，键16限制滑动套筒4旋转，从而螺母11带动滑动套筒4只能向下（或向上）移动，即可松开（或夹紧）被加工零件；此时松动螺栓7，并逆时针转动压板10，即可取出被加工零件。

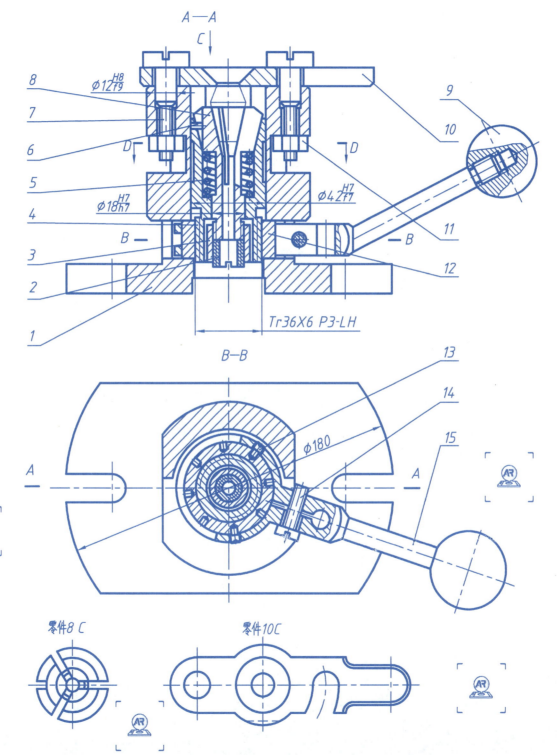

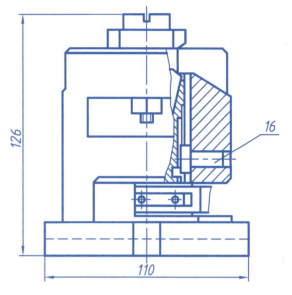

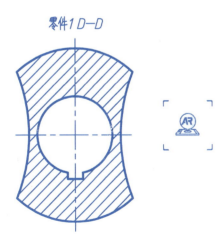

16	GSJJ-13	键	1	35	
15	GSJJ-12	手柄	1	35	
14	GB/T65—2016	螺钉M8×22	2	Q235A	
13	GB/T75—2016	螺钉M6×8	2	Q235A	
12	GSJJ-11	螺母	1	45	
11	GB/T6170—2015	螺母M10	2	Q235A	
10	GSJJ-10	压板	1	T7	
9	GSJJ-09	手柄球	1	35	
8	GSJJ-08	夹簧	1	T8A	
7	GSJJ-07	螺栓	1	35	
6	GSJJ-06	销子	1	45	
5	GSJJ-05	弹簧3×ø24×ø27	1	65	$n=3, t=7, n_1=5.5$
4	GSJJ-04	滑动套筒	1	T7	
3	GSJJ-03	螺母	1	35	
2	GSJJ-02	锁紧螺塞M14×1.5	1	35	
1	GSJJ-01	夹具体	1	H150	
序号	代号	名称	数量	材料	备注

攻丝夹具　比例 1:2　GSJJ-00

29. 读装配图　　攻丝夹具(2)

(1) 读装配图回答问题。

① 图中采用了哪些视图、剖视与断面？并指出有关剖视和断面图的剖切平面位置。

② 试说明图中采用的装配图特殊表达方法的种类和有关视图、剖视和断面图的名称。

③ 主视图上的尺寸"Tr36×6 P3-LH"是属于装配图的＿＿＿＿＿＿尺寸；Tr表示＿＿＿＿＿＿，36表示＿＿＿＿＿＿，6表示＿＿＿＿，P3表示＿＿＿＿，LH表示＿＿＿＿，该螺纹的线数为＿＿。

④ $\phi 42 \frac{H7}{f7}$ 是基＿＿制＿＿＿配合，基准件是＿＿＿＿；孔的上偏差是＿＿＿＿mm，下偏差是＿＿＿＿mm，公差是＿＿＿＿mm。轴的上偏差是＿＿＿＿mm，下偏差是＿＿＿＿mm，公差是＿＿＿＿mm。配合的最大＿＿＿＿(间隙/过盈)是＿＿＿＿mm，最小＿＿＿＿(间隙/过盈)是＿＿＿＿mm。

⑤ 看懂序号1、2、3、4、8、11、15各零件的形状及相互间的连接关系以及相对运动情况，说明手柄15的拆卸步骤。

(2) 拆画夹具体1、滑动套筒4、夹簧8和手柄15零件图，标注装配图中已标出或已指定的尺寸，并填写标题栏。

设计	(日期)		滑动套筒
制图	(日期)		
审核	(日期)	比例 1:2	
班级	(学号)	共 张 第 张	(校名)

设计	(日期)		手柄
制图	(日期)		
审核	(日期)	比例 1:2	
班级	(学号)	共 张 第 张	(校名)

设计	(日期)		夹簧
制图	(日期)		
审核	(日期)	比例 1:2	
班级	(学号)	共 张 第 张	(校名)

29. 读装配图　　攻丝夹具(3)　　　　班级　　姓名　　学号　　76

夹具体

设计		（日期）		夹具体
制图		（日期）		
审核		（日期）	比例	1:2	
班级		（学号）	共　张第　张	（校名）

参 考 文 献

[1] 单继宏,鲍雨梅.图学原理与工程制图习题集[M].北京:清华大学出版社,2012.
[2] 徐祖茂,杨裕根,李俊源.机械工程图学习题集[M].4版.上海:上海交通大学出版社,2015.